KB274896

월슨이 들려주는 생물 다양성 이야기

윌슨이 들려주는 생물 다양성 이야기

ⓒ 한영식, 2012

초판 1쇄 발행일 | 2012년 5월 10일
초판 11쇄 발행일 | 2021년 5월 31일

지은이 | 한영식
펴낸이 | 정은영
펴낸곳 | (주)자음과모음

출판등록 | 2001년 11월 28일 제2001-000259호
주   소 | 04047 서울시 마포구 양화로6길 49
전   화 | 편집부 (02)324-2347, 경영지원부 (02)325-6047
팩   스 | 편집부 (02)324-2348, 경영지원부 (02)2648-1311
e-mail | jamoteen@jamobook.com

ISBN 978-89-544-2233-8 (44400)

• 잘못된 책은 교환해드립니다.

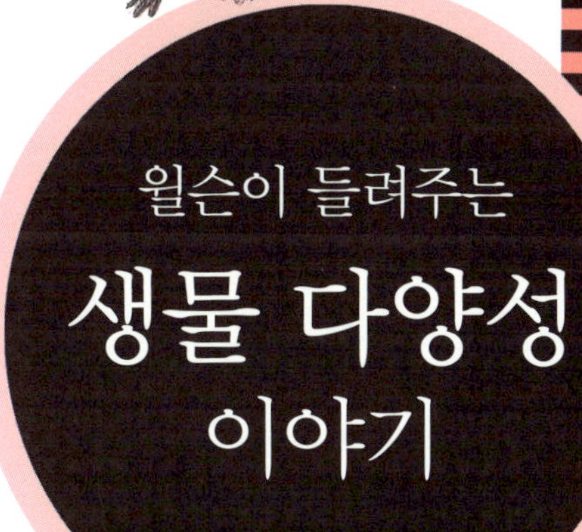

윌슨이 들려주는

생물 다양성
이야기

| 한영식 지음 |

(주)자음과모음

미래의 경쟁력이 될
'생물 다양성'의 가치를 만나보자

푸른 행성 지구는 태양계의 수많은 행성 중 가장 생기가 넘치는 행성입니다. 북적대며 살아가는 생물들이 셀 수 없이 많이 살거든요. 지구는 어머니의 따뜻한 품처럼 수많은 생물들을 품어주는 포근한 보금자리지요. 지구의 다양한 생물들은 모두 자연의 법칙에 따라 살아갑니다. 먹고 먹히는 천적관계, 서로 돕는 공생관계, 빌붙어 사는 기생관계는 생물들이 함께 살기 위한 자연의 법칙이랍니다.

윌슨은 지구촌에서 숫자가 가장 많은 2경 마리의 개미를 연구하면서 생명의 다양성에 대해 특별한 관심을 갖게 되었습니다. 다양한 생물의 신비로운 삶을 바라보며 생물 다양성의 중요성을 깨닫게 되었지요. 그래서 『생명의 다양성』이라는 책을 출간하여 생물 다양성의 중요성과 가치를 알리는 선구자가 되었습니다. 하지만 보통 사람들은 생물의 중요성에 대해 깊이 생각하지 않아요. 함께 사는 생물을 보잘것없는 존재로 취급해버리니까요.

그러나 동물, 식물, 곤충 등의 다양한 생물이 있기에 지구의 평형이 유지되고 있으며 지구촌의 모든 생명체가 평온하게 살 수 있다는 사실을 깨달아야 합니다. 무엇보다 인류도 지구촌의 하나의 생명체라는 사실을 잊지 말아야 하지요.

최근에는 생물 다양성이 생물 자원과 연결되면서 주목받고 있습니다. 앞으로는 생물 다양성을 잘 유지하고 관리하는 국가가 부유한 국가가 될 수 있거든요. 선진국들이 앞다투어 자국의 생물 자원을 연구하고 생물 자원이 풍부한 국가와 협력을 맺는 것만 봐도 생물 다양성이 지니고 있는 가치를 알 수 있답니다.

이 책은 생물 다양성의 아버지라 불리는 윌슨이 들려주는 생물 다양성 이야기입니다. 이 책을 통해 미래의 경쟁력이 되는 생물 다양성의 귀중한 가치를 만나보세요. 생물 다양성이 유지될 때 모든 생명체 누구나 눈웃음 지으며 살 수 있는 행복한 세상이 펼쳐지게 된답니다.

한 영 식

차례

1

생물 다양성이란 무엇일까?

인류의 희망찬 미래를 결정하는 생물 다양성에 대해 알아봅시다.

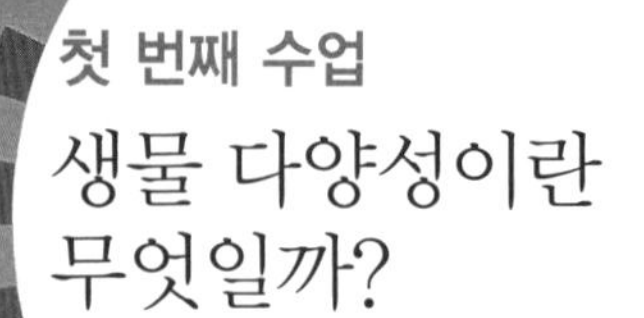

첫 번째 수업

생물 다양성이란
무엇일까?

에드워드 윌슨이 생물의 천국, 숲에서
학생들에게 첫 수업을 시작했다.

우리가 사는 초록 세상 지구

여러분 만나서 반가워요. 난 개미를 좋아하는 개미 박사 에드워드 윌슨이라고 합니다. 오늘은 여러분에게 생물 다양성 이야기를 들려줄 거예요. 선생님은 작은 개미를 통해 다양한 생물들의 세계를 바라보게 되었어요. 작은 개미 세상도 인간 세상 못지않게 매우 복잡하고 다양하거든요. 다양한 생물의 세상을 바라보다 보면 정말 신비롭답니다.

답답한 교실보다 밖에서 수업하니까 좋나요?

＿ 네, 선생님.

＿ 정말 시원하고 상쾌해요.

숲의 나무들은 우리의 정신을 맑게 해 주는 산소를 만들어 냅니다. 그 덕분에 생물들은 숨 쉬며 살 수 있지요. 생물들이 살아가는 곳은 매우 다양해요. 여러분은 어디에 살고 있나요?

＿ 선생님, 우린 집에 살아요.

하하, 맞아요. 그런데 그보다 더 크게 생각해 보세요.

＿ 우리는 서울에 살아요.

＿ 대한민국 코리아예요.

＿ 아름다운 별, 지구에 살아요.

모두 잘 말해 주었어요. 우리는 드넓은 우주의 지구라는 행성에 살고 있어요. 물론 여러분이 얘기한 것처럼 푸른 별 지구의 대한민국 서울에 살고 있습니다. 지구는 드물게 생물이 잘살 수 있도록 공기, 물, 땅이 있는 좋은 환경으로 구성되어 있어요.

초록 세상 지구는 축복된 환경을 선물로 받았어요. 다양한 생물의 포근하고 행복한 삶의 터전이지요. 만약 화성이나 금성이었다면 생물들이 복닥거리며 활동하는 건 상상도 하지 못했을 거예요. 지구의 좋은 환경 덕분에 생물들은 모두 각자의 역할을 하면서 행복한 세상을 꿈꾸며 산답니다.

여러분이 지금 바라보고 있는 숲에도 다양한 생물이 살고 있습니다. 눈에 보이는 생물을 한 가지씩 말해 보세요.

___ 들꽃이 예쁘게 피었어요.

___ 나비와 벌이 꽃을 찾아 날아다녀요.

___ 저 멀리 나무가 보여요.

___ 나뭇가지에 앉은 새들이 지지배배 울어요.

___ 개미가 부지런히 기어 다녀요.

그래요, 숲에는 정말 다양한 생물이 살고 있어요. 오늘 첫 수업에 여러분을 숲으로 초대한 이유도 지구에 다양한 생물이 살고 있다는 걸 직접 보여 주기 위해서지요. 예쁘게 핀 꽃에는 나비와 꿀벌들이 모여들고, 나무가 만들어 낸 열매는 숲에 사는 동물들의 먹이가 된답니다. 숲은 다양한 생물들이 서로 도움을 주고받으며 사는 보금자리예요. 생물은 혼자 살 수 없기 때문이지요.

오늘부터 9일 동안 여러분과 함께 지구에 살고 있는 다양한 생물에 대해 알아볼 거예요. 그리고 다양한 생물이 인간과 어떤 관련을 맺고 있는지도 살펴볼 겁니다. 우리와 함께 살고 있는 생물이 얼마나 소중한지 생각하는 기회가 되었으면 좋겠어요. 이 기회를 통해 귀중한 가치가 숨겨져 있는 지

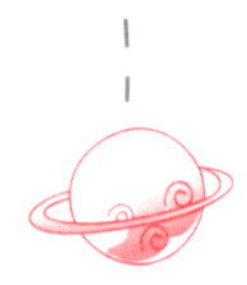

구촌 생물을 사랑하고 아끼는 마음을 갖게 되길 바랍니다.

드넓은 지구의 생물 다양성

여러분은 모두 이름이 있습니다. 그렇다면 드넓은 지구에 살고 있는 생물들은 모두 이름을 갖고 있을까요?

__ 생물이 모두 이름을 갖고 있는 건 당연한 거 아닌가요?

__ 무엇이든 이름이 있는 거 아닌가요?

그렇지 않아요. 지구에는 이름 없이 살고 있는 생물이 매우 많거든요. 과학자들이 지구의 생물 종을 발견해서 이름을 붙이고 있지만, 지구의 모든 생물을 발견하지는 못했습니다. 드넓은 지구에는 셀 수 없이 많은 생물이 살고 있으니까요. 여러분은 생물 다양성이 뭐라고 생각하나요?

__ 생물마다 모양새가 다르다는 거 아닌가요?

__ 생물이 많다는 거 같기도 해요.

맞아요. '생물 다양성'은 말 그대로 '생물'과 '다양성'을 합한 말이에요. 그런데 생물 다양성에는 숨겨진 뜻이 있어요. 그럼 지금부터 생물 다양성이 무엇인지 알아보도록 합시다. 우선 '생물'이 무엇인지부터 생각해 봐요. 여러분은 생물이 뭐라고 생각해요?

　　__ 살아 있는 거예요.

　　__ 생물은 움직이는 거예요.

　　맞아요. 생물은 살아서 숨 쉬고 활동하는 생명체를 말해요.
영양, 운동, 생장, 증식 등을 통해 스스로 생활을 유지해야
생물이지요. 여러분 주변에 보이는 새와 곤충, 꽃과 나무는
모두 생물이랍니다.

　　__ 선생님, 그럼 사람도 생물인가요?

　　그럼요. 사람도 살아서 숨 쉬고 활동하잖아요. 지구에는 사

인간과 함께 살아가는 다양한 생물들

람 외에도 동물, 식물, 미생물 등 다양한 생물이 함께 살고 있답니다. 지구는 수많은 생물들의 지상 천국이거든요. 지구는 태양계의 여러 행성 중 유일하게 생명체가 살고 있는 행성이랍니다.

과연 지구에는 얼마나 많은 생물들이 살고 있을까요? 아마 셀 수 없다는 말이 정확한 답일 거예요. 혹시 여러분 중에 자신의 머리카락을 셀 수 있는 사람이 있나요? 머리카락을 세는 건 쉽지 않지요. 밤하늘을 아름답게 수놓는 별들의 숫자도 마찬가지예요. 우주의 별을 세려고 시도한다면 어리석은 사람이지요. 머리카락과 별도 셀 수 없는 인간이 어떻게 지구에 살고 있는 무한한 생물의 수를 헤아릴 수 있겠어요. 아마도 지구촌 생물의 숫자는 전 세계 70억 명 인구의 머리카락을 모두 합한 것보다도 많을 거랍니다.

생물에 대해 알아봤으니 이제 다양성에 대해 알아볼까요? 여러분은 어느 때 다양하다고 말하나요?

＿ 많이 있을 때요.

＿ 여러 가지가 있을 때요.

맞아요. 다양성은 모양, 빛깔, 형태, 양식 등의 특성이 매우 많은 걸 말해요. 선생님이 예를 하나 들어 볼게요. 글씨를 쓸 때 사용하는 펜 종류를 생각해 보세요. 연필, 샤프, 볼펜, 만 년필, 사인펜, 유성 펜, 매직펜, 형광펜 등 형태와 용도가 정말 많습니다. 그리고 같은 볼펜일지라도 검정, 빨강, 파랑 등 색깔이 다르고 문구 회사마다 형태도 다르지요. 여러분이 사용하는 옷, 신발, 가방도 마찬가지예요. 이처럼 우리 주변에서는 다양성을 쉽게 찾아볼 수 있답니다.

그런데 이 세상에 그 어떤 것보다 다양한 것이 있어요. 바로 지구촌에 살고 있는 생물이랍니다. 지구촌에서 가장 다양성이 풍부한 곤충을 살펴볼까요? 장수풍뎅이, 사슴벌레, 하늘소, 바구미, 무당벌레, 나비, 나방, 벌, 파리, 노린재, 매미, 잠자리, 메뚜기 등의 곤충은 생김새가 모두 다릅니다. 나비 종류만 해도 호랑나비, 제비나비, 배추흰나비, 네발나비, 부전나비, 팔랑나비 등 매우 많지요. 곤충만 봐도 지구촌에 살고 있는 생물의 다양성이 풍부하다는 걸 알 수 있습니다.

지금까지는 '생물' 과 '다양성' 에 대해 알아보았어요. 그럼 '생물 다양성' 이란 뭘까요? 말 그대로 생물이 다양하다는 걸 말합니다. 인터넷과 스마트폰으로 지구촌이 하나가 된 요즘에는 전 세계 사람들의 모습을 쉽게 볼 수 있지요. 세계 여러 국가의 사람을 살펴봐도 같은 사람은 하나도 없어요. 키, 몸무게, 얼굴, 몸매, 피부, 성격, 좋아하는 음식, 취미까지 모두 다르니까요.

여러분 주변의 친구들을 보세요. 똑같은 사람이 있나요?

__ 선생님, 여기 있어요. 여기 있는 둘은 정말 똑같아요.

하하, 정말 그렇군요. 쌍둥이라서 정말 닮았네요. 그러나 자세히 살펴보면 아주 미세하게 다른 점을 발견할 수 있습니다. 성격, 취미, 좋아하는 음식은 많이 다르지요. 지구촌 70억 명의 사람 중 똑같은 사람이 하나도 없는 것처럼, 지구촌 생물은 매우 다양하답니다.

풍요로운 생태계의 생물 다양성

생물 다양성이란 말이 처음부터 사용되지는 않았습니다. 처음엔 '자연의 다양성' 또는 '생물학적 다양성'이라고 불렀지요. 그런데 선생님이 '생물학적 다양성'을 축약해서 '생물 다양성'이라는 제목으로 책을 쓰면서 이 말을 널리 사용하게 되었습니다. 세계 자연 보호 재단에서는 생물 다양성을 지구상에 살아 있는 모든 생명의 풍요로움이라고 정의하고 있어요. 생물 다양성은 수백만 종의 다양한 생물, 생물들이 담고 있는 다양한 유전자, 생물들의 환경을 구성하는 복잡하고 다양한 생태계가 풍요롭다는 걸 말합니다.

지구는 대기, 땅, 물 등의 복잡하고 다양한 생태계로 이루어져 있어요. 다양한 생태계에는 동물, 식물, 곤충, 균류, 원생생물, 미생물 등 다양한 생명체가 살고 있습니다. 지금까지 발견된 생물의 종류는 약 200만 종이지만, 과학자들은 약 3000만 종 이상이 살고 있을 거라고 추측해요. 아직 발견되지 않은 생물이 무수히 많으니까요.

수많은 생물 종이 살고 있다는 건 자연 환경이 풍요롭다는 걸 의미합니다. 그럼 푸른 별 지구에서 생물 다양성이 가장 풍부한 곳은 어디일까요? 아마존 숲과 같은 열대 우림 지역

입니다. 지구상에 존재하는 최고로 거대한 숲인 아마존 숲에는 다양한 생물이 복닥거리며 살고 있습니다. 울창한 숲은 생물들의 편안한 안식처가 되어 주고, 숲의 나무들은 동물들에게 필요한 산소를 내뿜어 줍니다. 그래서 아마존 숲을 '지구의 허파'라 부른답니다. 울창한 아마존 숲은 다양한 생물들의 행복한 삶의 터전이지요.

모두들 〈아마존의 눈물〉이란 다큐멘터리 프로그램을 보았을 거예요. 여러분이 본 것처럼 아마존에는 아직 단 한 번도 문명을 접해 보지 못한 원시 부족이 많이 살아요. 원시 부족이 많다는 건 개발과 오염 없이 생태계가 잘 보전되고 있다는 걸 증명합니다. 서식처가 잘 보전되고 있는 숲에 생물이 많이 사는 건 당연한 일입니다.

밀림 지역에는 아직 단 한 번도 사람 눈에 띄지 않은 생물이 많이 살고 있습니다. 밀림 탐사 연구가들은 하루에도 수많은 신종 생물을 발견하고 있거든요.

최근 생물 다양성이 풍부한 열대 지역의 밀림이 위협을 받고 있어서 문제랍니다. 벌채와 금광 개발이 이어지면서 숲 파괴가 계속되자 밀림의 생물들의 삶이 위협받게 되었지요.

아마존 숲, 캄보디아 숲, 아프리카 숲 같은 열대 우림 지역의 숲에는 지구 전체 야생 동물의 3분의 2가 살고 있습니다.

그러나 개발과 오염으로 야생 동물들의 행복한 서식처가 급속히 사라지고 있지요. 생태계 파괴로 야생 동물은 생존에 심각한 위협을 받고 있습니다. 지금도 매년 2만 5000종~5만 종 가까운 생물이 멸종되고 있답니다. 지금처럼 숲이 계속 파괴된다면 20~30년 후에는 전체 생물 종의 25% 정도가 멸종될 거라는 불행한 예측까지 나오고 있습니다.

우리가 살고 있는 도시는 어떨까요? 도시가 들어서면서 대기 오염과 수질 오염이 부쩍 심해졌습니다. 산소를 만드는 나무가 줄어들고 자동차와 공장 때문에 대기 오염도 심각해지면서 도시인들은 각종 질병에 시달리고 있지요. 도시의 외형은 훨씬 깔끔해졌지만, 인간뿐 아니라 우리와 함께 살아야 하는 생물에게는 살기 힘든 환경이 되었어요. 두꺼비, 도롱뇽, 개구리처럼 대기 오염과 수질 오염에 취약한 생물의 숫자가 줄어드는 것만 봐도 얼마나 심각한지 알 수 있답니다.

모두 심호흡을 해 보세요. 상쾌하지요. 여긴 도시가 아닌 숲이기 때문이에요. 이처럼 생물 다양성이 풍요로운 숲은 지구촌 모든 생물의 중요한 터전이 된답니다.

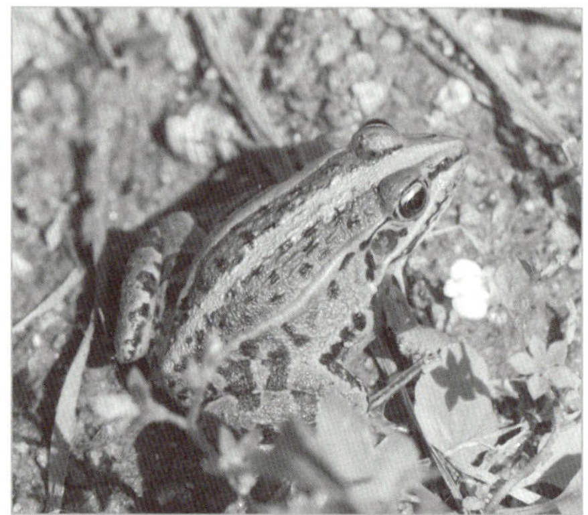

멸종 위기에 놓인 양서류, 도롱뇽과 개구리

생물 다양성과 우리의 행복

인간이 지구에 살기 시작한 건 언제부터일까요? 인류의 역사는 다른 생물에 비해서 매우 짧지요. 고생대에 출현한 잠자리와 바퀴벌레, 중생대에 출현한 은행나무, 신생대에 출현한 포유동물은 지금까지 살고 있습니다. 수많은 생물은 인간이 출현하기 훨씬 전부터 지구에 자리 잡고 살고 있었습니다.

오랫동안 지구에서 살던 생물 중에는 멸종한 것도 많습니다. 대표적인 멸종 생물은 바로 공룡입니다. 공룡은 중생대에 번성했지만 변화된 지구 환경에 적응하지 못했거든요. 특히 기후 변화, 개발, 오염이 증가하는 요즘, 공룡처럼 멸종되는 생물이 늘고 있습니다. 숲에 살던 호랑이, 표범, 반달가슴곰은 이제 동물원에서나 볼 수 있어요. 우리나라뿐 아니라 전 세계적으로 보기 힘든 세계 멸종 위기 동물이 되었으니까요.

호랑이와 표범이 사라진 숲에는 멧돼지가 강자로 군림하게 되었어요. 멧돼지 숫자가 불어나자 숲의 먹이가 부족해졌지요. 결국 멧돼지들이 인간이 경작하는 밭에 내려와서 작물을 먹다 보니 해로운 동물이 되고 말았지요. 메뚜기 수가 줄어들자 참새가 먹이를 찾기 힘들어져서 그 수가 줄어들었어요. 참새 수가 줄면 참새를 잡아먹는 맹금류까지 위험해진답니다.

지구촌 생물 중 소중하지 않은 생명체는 하나도 없답니다. 생물은 함께 도우며 살아가야 하니까요. 한 생물에게 문제가 발생하면 주변 생물들까지 영향을 받게 됩니다. 생물 다양성이 풍부했던 지구촌에 멸종하는 생물이 늘면서 위기가 찾아왔어요. 생물

멸종 위기에 놓인 반달가슴곰

다양성이 줄면 지구에 사는 인간이라는 생명체에게도 위기가 닥칠 수밖에 없지요. 인간도 지구촌 생물들과 함께 살아야 하니까요.

지구촌의 환경이 갈수록 악화되고 있지만 아직도 기후 변화와 개발, 각종 오염은 계속되고 있습니다. 그로 인해 생물 다양성은 지구촌 환경의 최대 문제로 급부상했지요. 인류는 생물의 멸종을 막으려고 여러 조약을 맺고 있습니다. 생물 다양성 협약, 람사르 협약, 세계 유산 협약 등을 통해 함께 사는 세상을 만들려고 노력하고 있답니다.

최근에는 생물 다양성의 중요성이 더욱 높아지고 있습니

다. 생물 다양성이 인간의 경제 발전에 꼭 필요한 필수 자원이라고 밝혀졌으니까요. 인류는 오래전부터 산소, 식량, 깨끗한 물, 비옥한 토양, 주거지, 옷, 먹을거리, 태풍과 홍수로부터의 보호, 안정된 기후 등을 다양한 지구촌 생물로부터 얻었습니다. 과학이 발달하면서 생물은 유용한 의약품 원료가 되었고, 아름다운 생태계는 관광 자원도 되었지요. 생물은 인간에게 꼭 필요한 생산물과 무궁무진한 혜택을 주는 중요한 자원이랍니다.

앞으로도 지구촌의 수많은 생물들이 즐겁고 힘차게 살았으면 좋겠어요. 그래야 우리 인간도 행복하게 살 수 있습니다. 인간의 행복한 미래를 위해서 생물 다양성은 지켜져야 합니다. 인간과 함께 살고 있는 생물을 지키는 건 인간의 풍요롭고 행복한 삶을 보장하는 첫걸음이니까요.

정말 신기한 생물도 많네요! 대체 지구엔 얼마나 많은 생물들이 살고 있을까요?
후후, 놀라지 말아요. 아마도 전 세계 70억 인구의 머리카락 수를 합한 것보다도 많을 거랍니다.
지구에는 동물, 식물, 미생물 등 다양한 생물이 함께 살고 있는데 이게 바로 생물 다양성이라는 겁니다.
생물의 다양성이오? 생물이 여러 가지 있단 말인가요?
내 속엔 이 우주의 별들만큼이나 많은 종류의 생물이 살고 있다고.

생물 다양성이란 생물과 다양성이 합쳐진 말로, 생물이란 살아서 숨 쉬고 활동할 수 있는 생명체를 말하고 다양성은 특성이 매우 많은 걸 말하는 것이죠. 하지만 더 깊은 뜻도 있답니다.
깊은 뜻이오?
생물 + 다양성 =생물 다양성

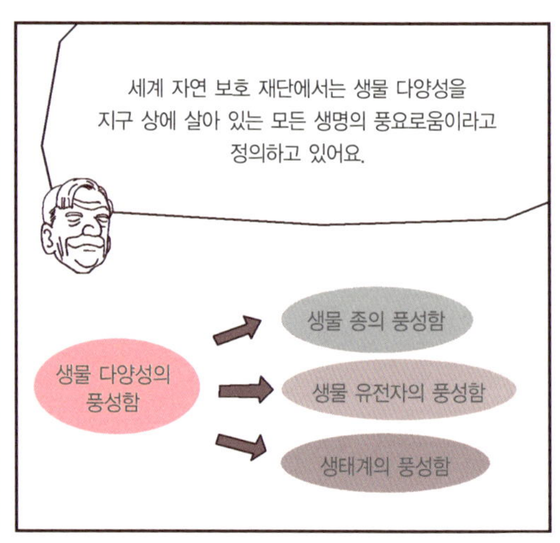
세계 자연 보호 재단에서는 생물 다양성을 지구 상에 살아 있는 모든 생명의 풍요로움이라고 정의하고 있어요.
생물 다양성의 풍성함
생물 종의 풍성함
생물 유전자의 풍성함
생태계의 풍성함

그런데 이렇게 생물 다양성이 풍부했던 지구에 환경 문제 등의 이유로 멸종하는 생물들이 늘어나면서 생물 다양성에 위기가 찾아오고 있어요.
그거 큰일이군요.
멸종 위기의 동물들
바다사자
반달가슴곰
호랑이

생물은 함께 도우며 살아가야 하는데 한 생물에게 문제가 발생되면 주변 생물들까지 영향을 받게 됩니다. 그렇기 때문에 인간의 미래를 위해서라도 생물 다양성은 지켜야 하는 것이죠.
그런 깊은 뜻이 있었군요.

2

지구촌에 함께 살고 있는 생물

지구촌에서 인류와 함께 살고 있는 여러 가지 생물의 종류에 대해 알아봅시다.

2

두 번째 수업

지구촌에 함께 살고 있는 생물

월슨은 두 번째 수업에서 지구촌에 함께
사는 생물에 대해서 설명하기 시작했다.

지구에 사는 아름다운 생물

지난 시간에 우리는 생물 다양성이 무엇인지 알아보았습니
다. 이번 시간에는 초록 세상 지구에 어떤 생물이 살고 있는
지 구체적으로 알아봅시다. 여러분은 아마 깜짝 놀랄 거예
요. 지구촌에는 우리가 상상조차 하지 못할 정도로 다양한
생물이 살고 있으니까요.

첫 번째 수업에서 말한 것처럼 생물은 생명이 있는 물체
즉, 목숨이 있어서 살아 있는 것을 말해요.

생물은 자기 증식 능력, 에너지 변환 능력, 항상성 유지 능력 등을 갖고 있기 때문에 무생물과 구별됩니다. 특히 종족을 유지하기 위해 자신과 닮은 자손을 만드는 자기 증식 능력을 갖고 있지요. 암수의 생식 세포가 만나 수정이 이루어지면 새로운 생명체가 태어나기 위해 발생이 시작됩니다. 세포 분열을 통한 발생이 끝나면 생명체가 태어나지요. 태어난 생명체는 세포 분열을 통해 성장해서 어른이 된답니다. 사람의 경우 수정란이 270여 일 동안 엄마의 배 속에서 자라서 아이가 태어나고, 태어난 아이는 세포 분열을 통해 자라서 어른이 되는 것처럼 말이죠.

모든 생물은 세포의 활동으로 복잡한 체제를 유지하며 스스로 영양, 운동, 생장, 증식을 하며 살아갑니다. 식물은 스스로 에너지를 만들고 동물은 다른 물질을 섭취하여 에너지를 만들지요. 에너지가 다 떨어지면 죽음을 맞게 됩니다. 그래서 생물은 생존을 위해 환경 변화를 빨리 감지합니다. 또한 외부 환경이 변해도 몸속의 환경을 일정하게 유지하려고 애쓰지요. 체온, 혈당량, 체액의 농도가 유지되어야 생명을 유지시킬 수 있으니까요.

환경 변화에 잘 적응한 생물은 지구에서 계속 살 수 있지만 그렇지 못하면 멸종하고 말지요. 지금까지 지구에서 살고 있는 생물들은 모두 환경 변화에 잘 적응한 생물입니다.

생물을 둘러싸고 있는 환경은 생물적 환경과 비생물적 환경으로 구분할 수 있습니다. 생물적 환경은 생물 주변에 살고 있는 또 다른 생물을 말합니다. 생물은 혼자 살지 못하기 때문에 주변의 다른 생물과 관련을 맺어야 합니다. 이때 생물과 생물 사이에 상호 작용이 일어나게 되는 걸 생물적 환경이라 합니다.

비생물적 환경은 온도, 물, 공기, 토양 등 다양한 환경 요인을 말합니다. 갑작스러운 환경 변화는 생물에게 큰 피해를 줍니다. 생물이 살기 위해서는 생물과 생물, 생물과 비생물 간의 상호 작용으로 균형을 이루는 게 매우 중요합니다. 그렇게 하지 못할 경우 멸종을 맞는 생물이 생겨나게 됩니다.

환경 요인은 지속적으로 변합니다. 멸종되거나 새롭게 출현하는 생물도 있고 급격히 숫자가 불어나거나 줄어드는 생물도 있으니까요. 태풍, 지진, 해일, 폭우, 지구 온난화, 라니냐처럼 갑작스럽게 발생하는 환경 요인은 지구촌 생물을 어리둥절하게 만들지요. 시간이 흐르면서 지구촌 생물의 탄생과 죽음은 끝없이 반복됩니다. 공룡이 멸종되고 포유동물이 번성한 지도 그리 오래되지는 않았지요. 현재 번성하고 있는 포유동물이 환경 변화에 적응하지 못하고 언제 어떻게 멸종

하게 될 것인지는 아무도 알지 못한답니다.

생명의 탄생

푸른 지구에는 생물체, 생명체, 유기체라 불리는 생물이 많이 살고 있습니다. 생명체가 지구 상에 처음 나타난 건 언제일까요? 생명체가 최초로 출현한 건 약 38억 년 전입니다. 46억 년 전 지구가 탄생한 후 8억 년이 지났을 때 처음 생명체가 출현했지요.

최초로 탄생한 생명체는 세포 하나로 이루어진 단세포 생물입니다. 단세포 생물은 현미경으로 봐야 겨우 보일 정도로 매우 작지요. 처음엔 세포에 핵이 없는 세균 등의 원핵생물만 살다가, 12억 년 전에는 핵을 갖는 진핵생물이 나타났어요. 6억 년 전에는 여러 개의 세포로 이루어진 다세포 생물이 출현하게 되었습니다.

5억 년 전 캄브리아기에는 무성 생식에서 유성 생식으로 발전해 갔어요. 암수가 만나 생식하는 유성 생식이 발달하면서 다세포 생물이 증가했지요. 4억 년 전 오르도비스기, 실루리아기에는 식물이 육지에서 살게 되었어요. 식물이 육지로 올라와서 번성하자 동물도 따라 올라와 살게 되었습니다. 육지에 처음 등장한 동물이 양서류입니다.

2억 5000만 년 전에는 공룡이 출현하여 번성했습니다. 9000만 년 전에는 현재 가장 번성하고 있는 속씨식물이 번성했지요. 300만 년 전에는 인류의 조상이 출현했으며, 1만 6000년 전에는 인류가 흔적을 남기기 시작했습니다. 매우 단순한 단세포 생물로부터 점점 복잡한 다세포 생물 형태로 발전하면서 오늘날과 같은 다양한 생물이 지구에 살게 되었답니다.

지금부터 본격적으로 지구에 살고 있는 다양한 생물을 만나 봅시다. 우선 가장 단순한 형태를 지닌 단세포 생물부터 살펴볼게요. 여러분 중에 혹시 단세포 생물 종류를 아는 친구 있나요?

＿ 지렁이요.

＿ 공벌레요.

우리가 볼 때 지렁이와 공벌레는 매우 작은 생물이에요. 그러나 모두 다세포 생물이랍니다. 단세포 생물은 구조가 매우 단순하고 크기가 작아서 눈으로 볼 수 없지요. 단세포 생물은 세포 하나가 생물이거든요. 단세포 생물에는 아메바, 짚신벌레, 반달말 등이 있습니다. 단세포 생물은 오랜 시간이

대	기(세)		연대(년 전)	고생물	환경
시생대			38억~25	단세포 생물	유독 대기층 형성
원생대			25억~5억 7000만	해조류, 박테리아	2번의 빙하기
고생대	캄브리아기		5억 7000만~5억	삼엽충 출현, 무척추동물 번성	해양 식물 산소 방출
	오르도비스기		5억~4억 3000만	초기 물고기 출현	
	실루리아기		4억 3000만~3억 9500만	절족동물이 바다를 이탈	
	데본기		3억 9500만~3억 3500만	폐어, 육상 식물	어류의 시대
	미시시피기		3억 3500만~3억 2000만	산호초, 초기 양서류	
	석탄기		3억 2000만~2억 8000만	파충류, 양서류, 양치식물, 겉씨식물	석탄층 형성
	페름기		2억 8000만~2억 3000만	많은 생물 멸종, 삼엽충 멸종	남반구 빙하기
중생대	트라이아스기		2억 3000만~1억 8000만	공룡 출현	건조한 기후
	쥐라기		1억 8000만~1억 3500만	암모나이트, 공룡, 시조새, 겉씨식물	지중해 형성
	백악기		1억 3500만~6500만	속씨식물 출현, 공룡 절정 – 말기 멸종	온화한 기후
신생대	제3기		6500만~200만	포유류, 초원 전개	지각 운동 활발
	제4기	홍적세	200만 년 전 ~1만 년 전	타르 핏트 동물	홍수, 4번의 빙하기
		충적세	1만 년 전~	현생 인류 출현	빙하기 끝남

지질 시대별 생물 변화상

흐르면서 동물과 식물처럼 복잡한 생물로 발전해 갔어요.

생물의 종류가 많아지자 다양한 생물을 체계적으로 구분하는 방법이 필요해졌습니다. 처음으로 생물을 분류한 사람은 기원전 4세기경에 살았던 아리스토텔레스(Aristoteles, 기원

전 384~기원전 322)입니다. 아리스토텔레스는 생물을 크게 동물계와 식물계로 나누었습니다.

그 후 18세기에 스웨덴 식물학자 칼 폰 린네(Carl von Linné, 1707~1778)가 생물 종에 이름을 붙이는 이명법(二名法)을 주장했지요. 이명법은 생물 종을 속명(genus)과 종명(species)으로 나타내는 방법으로 오늘날까지 사용되고 있답니다.

19세기에 독일의 생물학자 헤켈은 생물을 원핵생물계, 원생생물계, 균계, 식물계, 동물계의 5계로 나누었습니다. 최근에는 원핵생물을 고세균과 세균으로 나누어 6계로 사용하기

속명과 종명으로 나타내는 린네의 이명법

도 합니다. 생물은 크게 원핵생물과 진핵생물로 나눕니다. 보통 생물이라고 하면 핵이 있는 진핵생물을 말하지만, 세포에 핵이 없는 원핵생물도 생물입니다. 원핵생물인 세균이 처음 나타난 건 약 36억 년 전이지요. 세균은 질병을 일으키는 경우가 많습니다.

진핵생물에는 원생생물, 균류, 식물, 동물이 포함됩니다. 원생생물은 진핵생물 중 가장 단순한 구조를 갖고 있지요. 크기도 워낙 작아서 1mm도 채 되지 않는 경우가 많지요. 원생생물은 종류마다 모습이 다양해요. 아메바, 짚신벌레 같은 동물성도 있고, 해캄처럼 광합성하는 식물성도 있습니다. 유글레나처럼 동식물의 특징을 모두 갖고 있는 생물도 있답니다.

과학자의 비밀노트

생물의 학명 – 이명법

생물의 학명은 스웨덴 식물학자 칼 폰 린네가 처음으로 만들어 낸 방법이다. 지구촌에 수많은 생물이 살고 있기 때문에 서로 구별하여 부를 방법이 필요했기 때문이다. 학명은 공통적으로 부르는 명칭이다. 언어는 국가마다 다르지만 학명은 동일하다. 학명은 속명과 종명을 나란히 적는 이명법을 사용하며 라틴어로 표시한다. 속명과 종명은 이탤릭체로 써야 하며, 이탤릭체로 쓰지 않을 경우 밑줄을 그어서 학명임을 표시해야 한다.

효모, 곰팡이, 버섯 등이 속하는 균류는 진핵생물에 속하는 다세포 생물입니다. 식물로 취급되는 경우도 있지만 잎과 뿌리가 없고 엽록소가 없어서 광합성을 못하므로 식물과 구별하여 균류로 분류되고 있지요. 균류 생물에는 버섯처럼 먹을 수 있는 것도 있고 질병의 원인이 되는 곰팡이도 있습니다.

원핵생물계 (Bacteria)	한 개의 세포로 이루어져 있으며 핵이 없다. (세균 등)	
원생생물계 (Protista)	대부분 단세포 생물로 핵이 있다. (규조류, 아메바, 유글레나, 짚신벌레 등)	
균계 (Fungi)	엽록소가 없어서 스스로 양분을 만들지 못하고 다른 생물의 양분을 얻어서 산다. (효모, 곰팡이, 버섯 등)	
식물계 (Plantae)	엽록소가 있어서 스스로 양분을 만들어 살 수 있다. (이끼, 고사리, 소나무, 민들레, 무궁화 등)	
동물계 (Animalia)	스스로 양분을 만들 수 없어서 다른 식물이나 동물을 먹고 산다. (척추동물(어류, 조류, 포유류 등), 무척추동물(거미류, 곤충류 등)	척추동물 / 무척추동물

생물의 분류

지구촌의 식물

　식물은 자유롭게 운동할 수 없는 생물로, 엽록소를 이용해서 스스로 양분을 만들어 내는 독립 영양 생물입니다. 물속에서 살던 녹조류가 땅으로 올라오면서 이끼 식물(선태식물)로 발전했어요. 그 후 관다발 조직을 갖추고 건조한 땅에 올라오면서 양치식물로 발전해 갔습니다. 양치식물이 자손을 효율적으로 퍼뜨리기 위해 포자보다 씨를 만들면서 종자식물로 발전해 갔어요. 번식을 효율적으로 하기 위해서 꽃이라는 생식 기관을 발달시키면서 속씨식물로 발전했습니다. 식물은 녹조류 – 이끼 식물 – 양치식물 – 종자식물 – 속씨식물로 분화 발전하고 있답니다.

　식물 중 가장 작은 식물은 이끼 식물입니다. 보통 1~10cm 크기이지만 더욱 크게 자라기도 해요. 관다발 조직이 발달하지 않았기 때문에 주로 물기가 많은 습지에 살지요. 포자(홀씨)로 번식하며 우산이끼류, 뿔이끼류, 솔이끼류 등 우리나라에 700여 종이 있어요. 관다발 조직이 발달한 식물은 고사리, 쇠뜨기가 속하는 양치식물입니다. 잎, 줄기, 뿌리의 구별은 뚜렷하지만 꽃을 피우지 않고 포자로 번식합니다. 고생대에 번성했으며 우리나라에는 300여 종이 살고 있답니다.

식물의 분류

최초로 종자(씨)를 갖게 된 식물은 겉씨식물입니다. 중생대에 번성한 식물로 목재 등으로서의 자원 가치도 높습니다. 소절류, 은행나무류 등 우리나라에 50여 종이 살고 있지요. 지구 상에서 가장 번성한 식물은 속씨식물입니다. 식물 종 가운데 89%를 차지하고 있으니까요. 속씨식물은 1억 2500만 년 전 중생대 후기 백악기에 급속도로 번성했지요. 6500만 년 전 신생대부터 지구를 덮기 시작했으며, 우리나라에는 4000여 종이 살고 있답니다.

식물은 인간의 생활에 큰 도움을 주는 고마운 생물입니다. 벼, 밀, 옥수수 같은 주요 곡물은 물론이고 채소류, 과일류를 주어 식생활을 풍요롭게 해 주거든요. 목재는 가구를 만드는 재료가 되고 꽃은 정서적인 풍요로움을 주지요. 빼어난 풍경을 연출하는 국립 공원은 좋은 휴식 공간이 되어 주고, 식물이 함유하고 있는 천연 물질은 질병 치료에도 이용되고 있습니다. 의약품의 원료가 되며 조류 독감 치료제, 항암제에도 활용되고 있답니다. 광합성 작용으로 생산된 포도당은 지구촌 생물의 중요한 먹이가 됩니다.

식물은 다른 생물체들이 잘살 수 있도록 서식지도 제공해 줍니다. 나무와 풀이 자라는 숲은 다양한 동물들의 중요한 서식 공간이 되지요. 식물에 의해 숲이 이루어지고, 숲을 통해 생태계가 조성되며 자연이 이루어진답니다.

지구촌의 동물

동물은 훨씬 더 다양한 모습을 보여 줍니다. 동물은 식물처럼 스스로 영양분을 만들 수 없기 때문에 다른 생물을 잡아먹지요. 때로는 배설물이나 시체를 먹고 살기도 하고 기생해서 에너지를 얻기도 합니다. 동물은 크게 등뼈가 있는 척추동물과 등뼈가 없는 무척추동물로 구분됩니다. 척추동물에 비해 무척추동물이 훨씬 더 다양합니다.

척추동물에는 포유류, 조류, 파충류, 양서류, 어류가 포함됩니다. 포유류에는 호랑이, 사자, 곰, 늑대, 여우, 다람쥐, 두더지 등이 있어요. 조류에는 참새, 까치, 비둘기, 딱따구리, 박새, 백로, 왜가리처럼 하늘을 날아다니는 새가 속합니다. 파충류에는 거북, 남생이, 악어, 도마뱀, 살모사, 구렁이 등이 있고요, 양서류에는 개구리, 두꺼비, 도롱뇽 등이 있으며, 어류에는 상어, 잉어, 붕어, 피라미 등이 속합니다.

동물 가운데는 등뼈가 없는 무척추동물이 가장 많습니다. 무척추동물에는 연체동물, 극피동물, 환형동물, 편형동물, 강장동물, 절지동물 등이 있습니다. 연체동물에는 소라, 달팽이, 조개, 홍합, 문어, 오징어 등이 있으며, 극피동물에는 불가사리, 성게, 해삼 등이 있습니다. 환형동물에는 지렁이와 거머리 등이 있고, 편형동물에는 플라나리아와 촌충 등, 강장동물에는 히드라, 산호, 말미잘 등이 있습니다.

무척추동물 중 가장 다양한 생물은 바로 절지동물입니다. 절지동물에는 거미류, 갑각류, 다지류, 곤충류가 속합니다. 거미류에는 전갈, 진드기, 거미 등이 포함되며, 갑각류에는

새우, 가재, 옆새우, 공벌레, 쥐며느리가 있고, 다지류에는 지네, 노래기, 그리마 등이 있습니다. 곤충류에는 딱정벌레, 나비, 벌, 파리, 노린재, 매미, 잠자리, 메뚜기 등 매우 다양한 생물이 포함됩니다. 곤충류는 절지동물 중에서도 가장 종류가 많을 뿐 아니라 전체 생물 중 가장 종류가 다양하며 생물 다양성이 가장 풍부한 생물이랍니다.

지금까지 생물은 약 200만 종이 밝혀졌습니다. 하지만 지금도 해마다 약 5000종의 새로운 생물이 발견되고 있지요. 아

척추동물과 무척추동물

직까지 발견되지 않은 미지의 생물도 많으니까요. 특히 착생 식물, 지의류, 곰팡이, 진드기류, 원생생물 등에 대한 연구가 부족해요. 산호초, 심해, 열대 삼림과 사바나 초원의 생물도 연구 조사가 절대적으로 필요합니다. 그래서 학자에 따라 지구촌 생물의 종류를 1400만 종이 될 거라 추정하기도 한답니다. 원핵생물계, 원생생물계, 균계, 동물계, 식물계의 다양한 생물들이 더불어 살아가고 있는 곳이 지구촌이랍니다.

만화로 본문 읽기

박사님, 지구엔 언제부터 생물이 살기 시작했나요?
약 38억 년 전에 최초로 단세포 생물이 출현했고 그 단세포 생물이 점점 복잡한 다세포 생물 형태로 발전하면서 오늘날과 같은 다양한 생물이 지구에 살게 되었답니다.

그렇군요. 그럼 지구엔 어떤 생물들이 있나요?
종류야 수없이 많겠지만 크게 분류를 하자면 5계로 나눌 수가 있어요. 이건 19세기 독일의 생물학자 헤켈이 생물을 5계로 나눈 방법이죠.
생물의 분류
1. 원핵생물계
2. 원생생물계
3. 균계
4. 식물계
5. 동물계

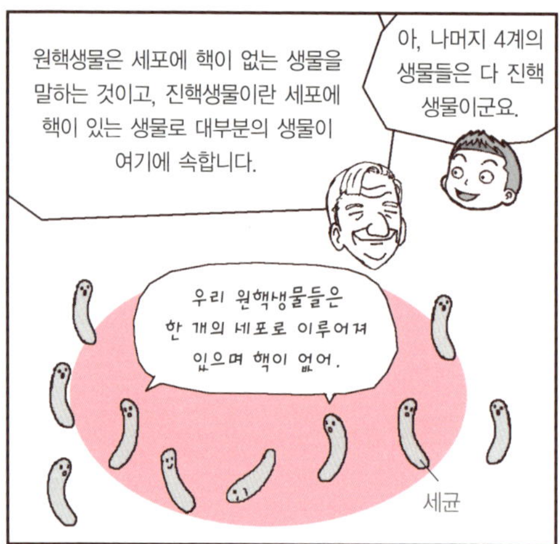

원핵생물은 세포에 핵이 없는 생물을 말하는 것이고, 진핵생물이란 세포에 핵이 있는 생물로 대부분의 생물이 여기에 속합니다.
아, 나머지 4계의 생물들은 다 진핵생물이군요.
우리 원핵생물들은 한 개의 세포로 이루어져 있으며 핵이 없어.
세균

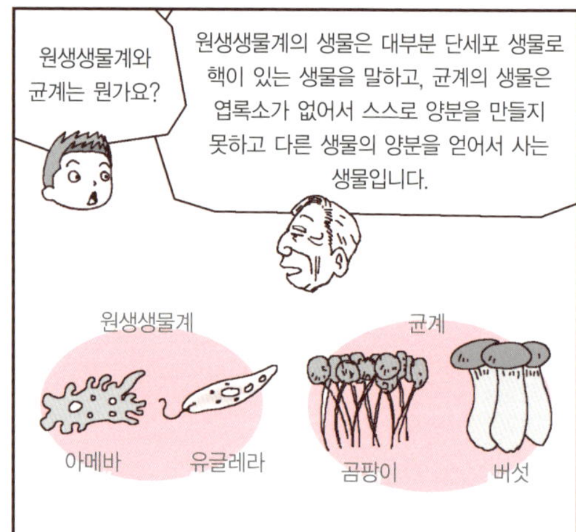

원생생물계와 균계는 뭔가요?
원생생물계의 생물은 대부분 단세포 생물로 핵이 있는 생물을 말하고, 균계의 생물은 엽록소가 없어서 스스로 양분을 만들지 못하고 다른 생물의 양분을 얻어서 사는 생물입니다.
원생생물계
균계
아메바
유글레나
곰팡이
버섯

식물계란 보통의 식물을 말하는 것이겠죠?
맞아요. 엽록소가 있어서 스스로 양분을 만들 수 있는 생물로 다른 생물의 중요한 먹이가 되고 서식지도 제공해 주지요.
우리가 영양분을 공급해서 다른 생물들이 날 수 있는 거라고.

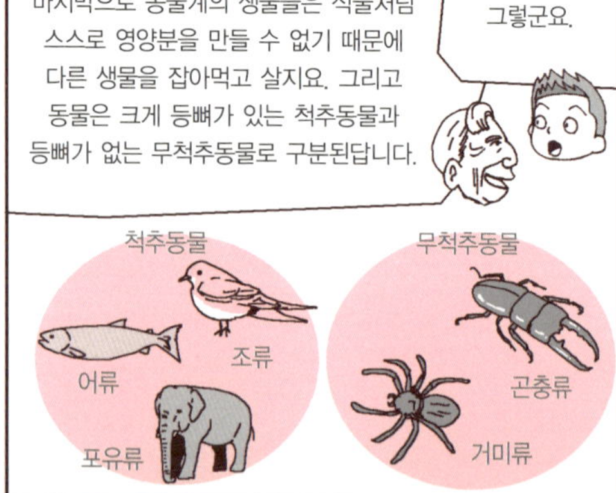

마지막으로 동물계의 생물들은 식물처럼 스스로 영양분을 만들 수 없기 때문에 다른 생물을 잡아먹고 살지요. 그리고 동물은 크게 등뼈가 있는 척추동물과 등뼈가 없는 무척추동물로 구분된답니다.
그렇군요.
척추동물
무척추동물
어류
조류
포유류
곤충류
거미류

3

생물 다양성의 중요성

종 다양성, 유전자 다양성, 생태계 다양성의 중요성에 대해 알아봅시다.

3

생물 다양성의 중요성

교.	초등 과학 3-2	2. 동물의 세계
과.	초등 과학 4-2	1. 식물의 세계
연.	초등 과학 5-1	4. 작은 생물의 세계
계..	초등 과학 6-1	4. 생태계와 환경
	중등 과학 1	4. 생물의 구성과 다양성

윌슨이 생물 다양성의 의미를
세 가지로 나눠 소개하며
세 번째 수업을 시작했다.

세 가지 의미에서 보는 생물 다양성

지구에 살고 있는 어떤 생물도 혼자서는 살 수 없습니다. 그런데 왜 생물은 혼자 살 수 없는 길까요?

__ 혼자 살면 외로우니까요.

__ 혼자서는 살아남지 못해서예요.

생물은 더불어 살아야 행복한 존재랍니다. 서로 관계를 형성하여 살아갈 때 잘살 수 있지요. 지구는 수많은 생물이 모여서 함께 사는 공동의 터전이니까요. 다채로운 생명이 모여

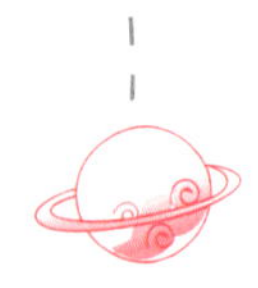

서 조화를 이룰 때 지구 생태계는 건강하게 유지될 수 있습니다. 만약 인간이 홀로 행복하게 살 수 있다면 다른 생물은 필요 없겠지요. 그러나 인간 역시 혼자서는 도저히 살 수 없는 곳이 바로 지구 생태계랍니다.

생물 다양성은 수백만여 종의 동식물과 미생물, 그들이 담고 있는 유전자, 그들의 환경을 구성하는 복잡하고 다양한 생태계 등 지구 상에 살아 있는 모든 생명의 풍요로움을 말합니다. 그래서 생물 다양성은 종 다양성(species diversity), 유전자 다양성(genetic diversity), 생태계 다양성(ecosystem diversity)을 포함하고 있어요.

생물 종 다양성은 지구에 서식하는 동식물, 곤충, 미생물 등 지구의 다양한 환경에 적응하며 살아가는 생물 종류가 많다는 걸 의미합니다. 유전자 다양성은 지구에 살고 있는 생물이 갖고 있는 유전 정보의 다양성을 말합니다. 생태계 다양성은 한 지역에 서식하는 생물 종 군집이 비생물적인 환경 요인들과 어우러져 이루는 생태계 구성 요소의 다양성을 의미합니다. 생물 다양성은 지구촌에 사는 생물의 모든 다양성을 포함하고 있답니다.

지구 생태계는 매우 복잡한 기계처럼 작동합니다. 조그만 부품 하나가 고장 나도 기계가 작동을 멈추는 것처럼, 다양한 생물의 상호 작용이 올바로 이루어질 때 생태계는 지속적으로 유지될 수 있습니다. 그래서 지구 생태계에서는 필요 없는 생물이 있을 수 없습니다. 절대 소중하다고 생각하지 않은 생물도 멸종하면 주변의 다른 생물에게 영향을 주니까요. 생물 종 멸종은 생태계를 붕괴시키는 원인이 된답니다.

생물의 탄생과 죽음은 순리를 거스르지 않는 자연스런 현상입니다. 그러나 탄생에 비해 죽음이 빈번하게 발생하면 생물 다양성은 결코 유지될 수 없지요. 우리 곁을 떠나는 생물이 하나둘 늘어날 때마다 생물 다양성에는 구멍이 뚫리게 됩니다. 그로 인해 지구 생태계의 균형도 점차 무너지게 되지요.

생물 다양성을 왜 보전해야 하는 걸까요? 가장 큰 이유는 우리 자신을 위해서예요. 인류도 지구 생태계에서 더불어 살아야 하는 하나의 생물 종이니까요. 그런데 인간의 욕심 때문에 멸종되는 생물이 늘어나고 있습니다. 생물 다양성을 지켜야 할 인류가 오히려 생물 다양성을 위협하고 있지요. 생물 다양성을 지켜야 되는 가장 큰 이유는 지구를 운영하는 인류가 지속적으로 행복하게 살기 위해서예요. 생물 다양성 보전은 인류의 지속적인 미래를 열어 주는 희망이랍니다.

'종 다양성'은 지구에 살고 있는 생물 종이 다양하다는 걸 말합니다. '종'은 모습이 닮은 같은 종류의 생물을 말합니다. 그리고 잠재적 또는 실질적으로 짝짓기가 가능한 무리를 말하지요. 자연 상태에서 짝짓기해서 생식 능력이 있는 자손을 낳을 때 하나의 종으로 인정합니다. 바꾸어 말하면, 다른 종 사이에서는 자손을 만들 수 없다는 의미지요.

그러나 때때로 다른 종 사이에서 유별난 자손이 태어나는 경우도 있습니다. 암말과 수탕나귀 사이에서는 노새, 수사자와 암호랑이 사이에서는 라이거, 수호랑이와 암사자 사이에서는 타이곤이 태어납니다. 서로 다른 종끼리 억지로 짝짓기 할 수는 있지만 자연계에서는 극히 드문 현상이지요.

인공적인 교배로 새롭게 태어난 노새, 라이거, 타이곤은 새로운 종이 아닙니다. 라이거가 또 다른 라이거와 짝짓기 해서 자손을 낳을 수가 없거든요. 세대를 거듭해서 자손을 낳을 수 없기 때문에 새로운 종이 아니지요.

지구촌에는 지속적인 번식 능력을 갖춘 생물 종이 무수히 많습니다. 지금까지 약 200만 종의 생물이 밝혀질 정도로 지구는 다양한 생물의 천국이랍니다. 생물 종이 다양하면 어떤 유리한 점이 있을까요?

__ 함께 살면 외롭지 않을 거 같아요.

__ 먹이가 많아서 좋을 것 같아요.

생물 종류가 많다는 건 모든 생물에게 축복입니다. 생물끼리는 서로 관계를 맺고 사니까요. 지구에 살고 있는 생물은 생산자, 소비자, 분해자 등 각자의 역할에 최선을 다하며 살고 있습니다. 생물 종마다 열심히 살아갈 때 주변의 생물들에게도 도움을 줄 수 있답니다.

한 장소에서 함께 살던 생물 종이 줄어들면 주변의 다른 생물의 생존과 번식에 영향을 주게 됩니다. 다양한 생물이 함께 사는 건 항상 세 잎 클로버를 보는 것과 같습니다. 언제나 볼 수 있는 세 잎 클로버이지만, 세 잎 클로버가 항상 그 자리를 지켜 줄 때 모든 생물에게 행복이 찾아오니까요. 행운을 의미하는 네 잎 클로버보다 행복을 의미하는 세 잎 클로버가 더 소중하지 않을까요? 소박하게 살아가는 생물이 행복할 때 우리에게 행운도 찾아오지 않을까요? 지구의 모든 생물이 행복한 미소를 지으며 더불어 살아가게 되기를 희망해 봅니다.

유전자 다양성

지구에 다양한 생물 종이 살고 있다는 건 다양한 유전자를 가진 생물이 많다는 걸 의미합니다. '유전자 다양성'은 생물 종이 갑작스런 외부 환경 변화에 적응할 수 있는 힘이지요. 유전자가 다양하면 환경 변화에 잘 적응해서 생존할 수 있습니다. 이처럼 변화된 환경에 슬기롭게 적응하는 힘은 유전자 다양성에서 나온답니다.

유전자 다양성은 같은 생물 종 내의 다른 개체 사이에도 나타납니다. 같은 생물이라고 하더라도 개체마다 유전 물질이 조금씩 다르니까요. '호모 사피엔스 사피엔스'라 불리는 지구촌 70억 명의 사람 중에 똑같은 사람이 없는 것과도 같지요.

유전자 다양성이 풍부한 집단과 빈약한 집단은 어떤 차이가 있을까요? 당연히 다양한 유전 형질을 갖고 있는 집단이 생존과 번식에 유리합니다. 만약 두 집단에 급격한 환경 변화가 발생하면, 유전자 다양성이 풍부한 집단은 환경 변화를 이겨 낼 수 있지만 빈약한 집단은 극복하지 못하고 사라지게 되지요.

유성 생식과 무성 생식을 비교해 보면 유전자 다양성의 중

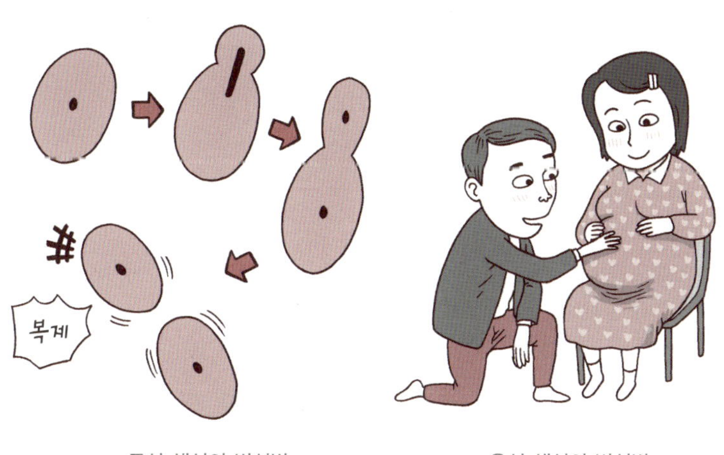

무성 생식의 번식법　　　　　유성 생식의 번식법

요성을 쉽게 이해할 수 있습니다. 암수가 없이 무성 생식으로 번식하는 아메바, 효모 같은 하등 생물은 부모와 완전히 똑같은 복제 자손만 낳습니다. 그러다 보니 환경 변화가 발생하면 유전 형질이 똑같은 부모와 자손이 모두 위험에 처하게 됩니다.

그러나 암수의 짝짓기로 번식하는 유성 생식은 부모의 유전 물질이 섞여서 자손에게 전달됩니다. 즉, 부모의 유전 형질과 자손의 유전 형질이 다르지요. 번식하면 할수록 유전 물질이 점점 더 풍부해지기 때문에 극심한 환경 변화에도 적응하여 살아남는 데 매우 유리합니다. 인공 사육하는 장수풍뎅이의 경우에도 같은 자손끼리 번식하는 근친 교배를 하다 보면 문제가 됩니다. 튼튼하지 못한 장수풍뎅이만 나오게 되니까요. 그래서 다른 사육장이나 야외에서 채집한 개체와 짝짓기 해서 번식시키는 게 좋지요. 유전자 다양성이 빈약한 집단은 근친 교배처럼 유전자 결함을 갖는 자손이 많이 태어나게 됩니다.

유전자 다양성은 개체 수가 많은 생물 종 또는 집단일 때 가장 높습니다. 개체 수가 많은 집단은 형질이 매우 다양해서 환경 변화를 이겨 낼 수 있지요. 그러나 개체 수가 적으면 유전자 다양성이 빈약해져서 환경 변화를 극복하지 못하게

근친 교배의 문제점

됩니다. 유성 생식뿐 아니라 돌연변이(mutation), 유전자 이동(gene flow)은 유전자 다양성에 매우 중요합니다.

돌연변이는 유전 정보가 기록된 DNA 분자에 새로운 유전자 변이가 만들어지도록 유전자 다양성을 공급해 줍니다. 한 생물 종의 한쪽 집단에서 다른 쪽의 집단으로 개체가 이동하여 유전자가 유입됨으로써 유전자의 다양성이 전달되지요. 동물의 이주와 식물의 씨앗 퍼트리기처럼 개체의 이동은 한 생물 종이나 집단 내의 유전자 다양성을 풍부하게 만들어 준답니다.

　멸종 위기에 놓인 생물 종을 보존하려면 개체를 늘리는 것뿐 아니라 생물 종 집단에 존재하는 상세한 유전자 정보를 파악하는 것도 중요합니다 유전자 다양성을 보유하면 생물 종이 멸종되는 것도 막을 수 있으니까요. 유전적 형질이 다양한 생물은 치명적인 질병이 발생해도 끄떡없지요. 질병을 이겨 낼 수 있는 유전자를 갖고 있거든요. 그러나 예민한 형질을 가진 생물은 질병에 걸리면 쉽게 죽게 돼요. 다양한 유전자는 생물 종을 지속적으로 유지시키는 매우 중요한 역할을 한답니다.

생태계 다양성

　다양한 유전자를 갖고 있는 수많은 생물이 사는 곳은 어디일까요? 바로 생태계입니다. 지구 생태계는 수많은 생물들의 안락한 서식처랍니다. 다양한 환경 없이는 다양한 생물 종과 유전자도 만들어질 수 없습니다. 그래서 '생태계 다양성'은 생물 다양성 중 가장 상위에 있답니다.

　생태계는 특정한 환경에서 살아가는 생물군과 그 생물들을 제어하는 주변 환경 요인을 모두 포함하는 말입니다. 생태계를 연구하는 학문을 생태학이라 부르며 영어로는 '이콜로지(ecology)'라고 합니다. 생태학은 '집' 또는 '생활의 장(사는 곳)'을 의미하는 그리스어 '오이코스(oikos)'에서 유래했지요.

생태계는 특정한 공간 안에 살고 있는 생물체와 그들을 둘러싼 물리적 환경 및 상호 관계를 포함하는 개념입니다. 생태계의 여러 요소들은 직접적·간접적으로 상호 작용하면서 전체적인 기능에 영향을 미치고 있지요. 생태계는 물리적 의미의 지구 전체(지구권)와 그 모든 생물적 요소(생물권)를 포함하고 있습니다.

생태계는 크게 자연 생태계와 인공 생태계로 구분됩니다. 자연 생태계는 숲, 들판, 늪, 저수지, 개울, 산길 등 태양의 힘에 의해 기능이 유지되는 곳입니다. 반면에 인공 생태계는

자연 생태계

인공 생태계

반자연 생태계

인간이 만들어서 인공적으로 기능을 유지하는 도시와 산업 단지 같은 곳이지요. 자연 생태계와 인공 생태계 사이에는 농업, 산림업, 양식업 등을 위해 자연 생태계에 변형을 일으켜 필요한 산물을 얻는 반자연 생태계도 있습니다.

생태계는 육상 생태계와 수 생태계로 구분하기도 합니다. 육상 생태계로는 숲, 초지, 사막, 툰드라 등이 있습니다. 수 생태계에는 담수 생태계와 해양 생태계가 있지요. 육상 생태계에서 숲은 생물 다양성이 가장 풍부하지만 사막은 매우 열악합니다.

담수 생태계로는 물이 정체된 정수 생태계인 호수, 연못, 소택지, 습지와 물이 흘러가는 유수 생태계인 하천, 강이 있

육상 생태계(숲)

수 생태계(담수)

습니다. 담수 생태계에는 저서생물, 부착 생물, 부유 생물, 유영 생활 어류 등이 살고 있습니다. 해양 생태계는 지구 표면의 70%를 차지하는 가장 넓은 생태계이지요. 지구의 다양한 생태계는 수많은 생물들의 안락한 보금자리가 되어 준답니다.

생태계 다양성의 중요한 기능은 뭘까요? 생태계 다양성은 에너지와 물질의 순환, 시스템의 재생력, 생태계의 평형 유지 기능을 합니다. 생태계에서 식물은 토양의 양분, 물, 공기 중의 이산화탄소, 태양 에너지를 이용해 광합성을 함으로써

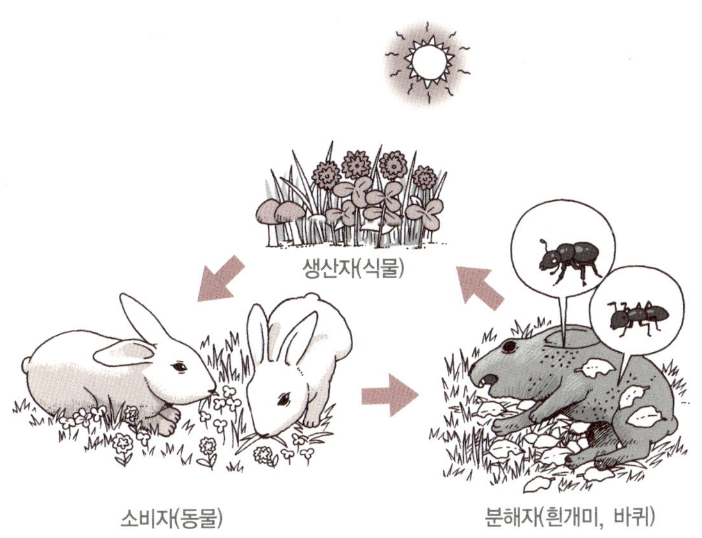

스스로 양분을 만드는 생산자 역할을 합니다. 동물은 식물이 만들어 낸 광합성 산물을 취해 생존하고 번식하는 데 필요한 에너지를 얻습니다. 분해자 역할을 하는 미생물은 죽은 생물체나 동물의 배설물 등을 식물이 이용할 수 있도록 이산화탄소와 양분으로 돌려 놓습니다. 식물은 분해자 생물이 지속적으로 만드는 재료를 이용해 양분을 만듭니다. 생산자, 소비자, 분해자에 의해 에너지 흐름과 양분의 순환이 진행됨으로써 생태계가 유지되는 것입니다.

복잡한 생태계가 단순한 생태계보다 훨씬 더 안정적입니다. 환경 변화가 발생해도 협력하여 함께 살아남을 수 있거든요. 단순한 생태계는 파괴될 위험이 높습니다. 밭이나 논처럼 단순한 생태계는 병해충에 훨씬 더 취약하지요. 한 가지 작물만 심는 단일 경작을 하면, 그 작물을 먹고 사는 해충에게는 급격히 개체 수가 불어날 기회가 됩니다.

푸른 지구에는 종, 유전자, 생태계가 다양하게 구성되어 있습니다. 생물 다양성이 풍요로운 곳에 사는 생물들은 편안하고 행복할 뿐 아니라 지속적으로 살 수 있지요. 지구 생태계의 생물들은 환경에 잘 적응하며 살고 있습니다. 생태 환경에 따라 생존하고 번식하는 생물의 종류가 달라지지요. 다양한 환경에 살고 있는 생물 종이 다양하기 때문에 유전자도 다

양하고 생태계도 다양할 수 있답니다. 생물 종 다양성은 생
명의 근원이 되며, 다양한 생물이 복닥거리는 지구를 더욱더
푸르게 만드는 생명의 원천이 된답니다.

지구엔 수많은 생물이 있는데 그 중 필요 없는 생물도 있지 않을까요?
그렇지 않아요. 지구 생태계는 매우 복잡한 기계처럼 작동되어서 그중 작은 생물 하나에 이상이 생기면 다른 생물에게도 영향을 주거든요. 그래서 생물 다양성이 중요한 거예요.

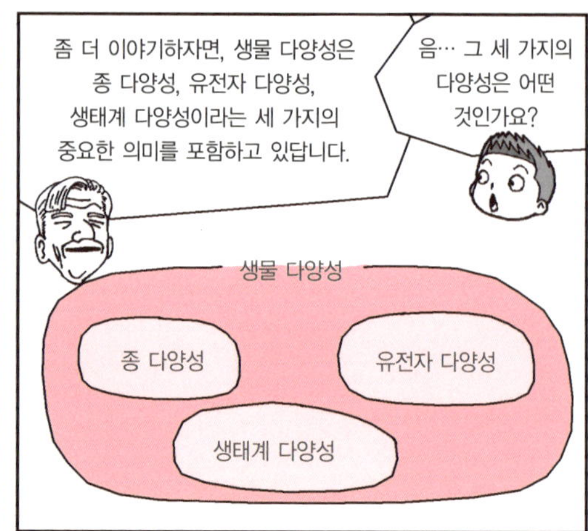

좀 더 이야기하자면, 생물 다양성은 종 다양성, 유전자 다양성, 생태계 다양성이라는 세 가지의 중요한 의미를 포함하고 있답니다.
음… 그 세 가지의 다양성은 어떤 것인가요?
생물 다양성
종 다양성
유전자 다양성
생태계 다양성

우선 종이란 모습이 닮은 같은 종류의 생물을 말하는 것으로 실질적으로 짝짓기가 가능한 무리를 말해요. 그래서 종이 다양할수록 생물들이 더욱 풍요롭게 살 수가 있는 것이죠.
유전자 다양성은요?
우리는 자식을 낳을 수 있어.
크흑, 우리는 자식을 가질 수 없대요.
말
호랑이
종임
라이거
노새
종이 아님

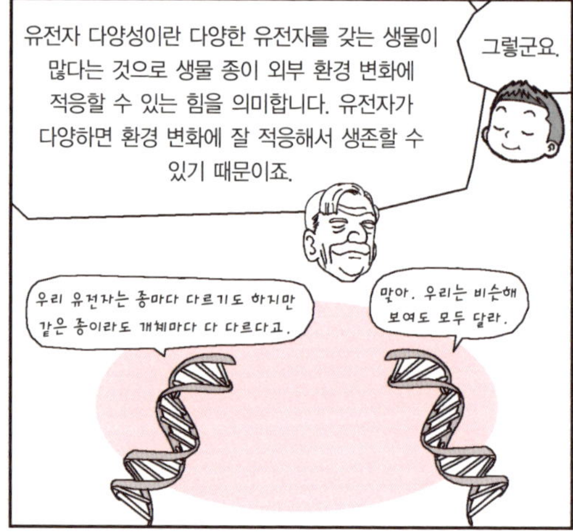

유전자 다양성이란 다양한 유전자를 갖는 생물이 많다는 것으로 생물 종이 외부 환경 변화에 적응할 수 있는 힘을 의미합니다. 유전자가 다양하면 환경 변화에 잘 적응해서 생존할 수 있기 때문이죠.
그렇군요.
우리 유전자는 종마다 다르기도 하지만 같은 종이라도 개체마다 다 다르다고.
맞아. 우리는 비슷해 보여도 모두 달라.

마지막으로 생태계란 어떤 환경에서 살아가는 생물군과 그 생물들을 제어하는 주변 환경 요인을 모두 포함하는 말로, 다양한 환경 없이는 다양한 종과 유전자도 만들어질 수 없기 때문에 생물 다양성 중 가장 상위에 있는 의미입니다.
다양한 생태계가 다양한 종과 유전자를 만든다고.

그러니까 다양한 환경에 따라 생물 종이 다양해지고 유전자도 다양해지는 것이고 다시 생태계도 다양할 수 있다는 것이군요.
네 생물 종 다양성은 생명의 근원이자 원천이 되는 것이죠.

4

생물 다양성과 생태계 평형

지구 생태계의 평형을 유지시키는 생물 다양성에 대해 알아봅시다.

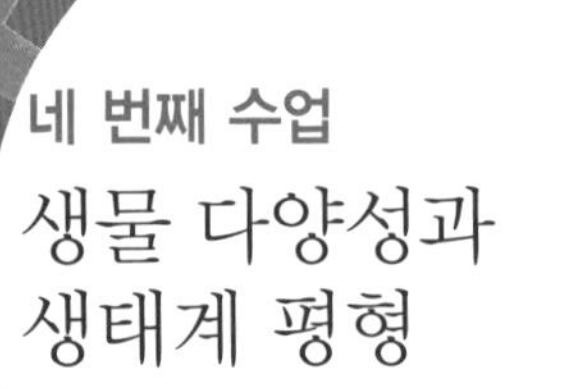

생물 다양성과 생태계 평형

윌슨은 복잡하게 얽힌 먹이 사슬에 관한
사진 한 장을 들고 교실로 들어섰다.

육상 생태계

　지난 시간에는 생물 다양성의 의미에 대해 알아봤습니다.
이번 시간에는 생물 다양성이 지구 생태계를 어떻게 유지시
키는지 알아보도록 합시다. 푸른 지구는 여러 가지 자연 환
경이 어우러져 이루어졌지요. 얼음으로 뒤덮인 극지방부터
연일 더위가 지속되는 열대 밀림의 적도 지방까지 다양한 기
후가 존재합니다. 그리고 서로 다른 기후마다 독특한 생물이
살고 있습니다.

　지구에는 기후에 따라 숲, 초원, 사막, 산악, 습지, 대양 등의 서식지가 나타납니다. 그러면 기후를 결정하는 주된 요인은 뭘까요?

　＿ 동물이나 식물이오.

　그건 아니에요. 생물은 기후를 변화시키지는 못하거든요.

　＿ 선생님, 그러면 온도 아닌가요?

　그렇지요. 기후를 결정하는 주된 요인은 바로 기온이랍니다. 기온은 위도와 밀접한 관련이 있어요. 위도가 낮은 적도 지방은 태양 빛이 많이 도달해서 기온이 높고, 위도가 높은 지역은 태양 빛이 적게 도달해서 기온이 낮지요. 기후를 결정하는 또 하나의 중요한 요인은 강수량입니다.

　강수량에 따라 생물의 종류가 달라져요. 강수량이 적은 사막의 생물은 새벽에 맺힌 이슬을 받아먹으며 살아야 해요. 물이 적어도 살아남을 수 있도록 적응했지요. 열대, 사바나, 온대, 한대, 산악 지대 등에도 각각의 기후에 적응한 생물 종이 살고 있습니다. 바다의 외딴섬은 격리되어 있어서 대륙과는 다른 독특한 생태계를 이루지요. 이처럼 지구에 살고 있는 생물들은 기후가 만들어 내는 다양한 환경에 적응하며 살고 있답니다.

　그럼 다양한 서식지 중 생물 다양성이 가장 풍부한 곳은 어

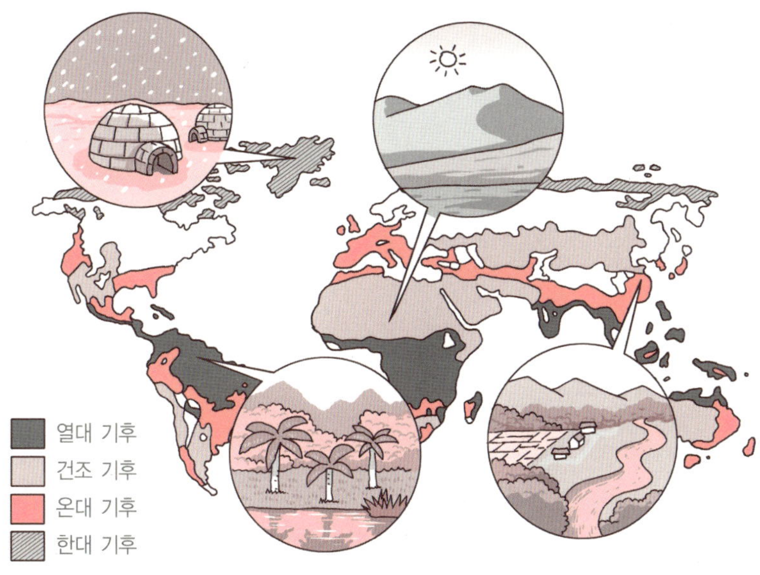

지구촌의 다양한 기후

디 일까요?

＿ 최고의 숲 아마존이오.

＿ 동물들의 낙원 아프리카요.

그렇지요. 열대 기후 지역이지요. 특히 아마존이 있는 중앙 아메리카나 아프리카 대륙에는 매우 많은 생물 종이 살고 있어요. 가장 잘 알려진 열대 기후 지역은 아마존입니다. 남아메리카 중앙부를 서쪽에서 동쪽으로 흐르는 아마존 강은 넓이가 약 700만km^2나 됩니다. 한반도 면적의 약 30배에 이르

며 남아메리카 대륙의 약 40%를 차지하고 있지요.

열대 기후 지역은 높은 기온과 풍부한 강수량을 바탕으로 다양한 식물이 자랍니다. 수많은 식물로 인해 동물들도 고유한 생태 공간을 차지하며 함께 살고 있지요. 열대림은 전체 육지 면적의 6%에 불과하지만, 수백만 종의 조류, 포유류, 곤충, 나무 등 지구촌 전체 생물의 절반에 해당하는 생물이 살고 있답니다.

열대 기후와 반대로 생물 다양성이 가장 빈약한 곳은 사막입니다. 사막 지대는 아프리카, 아시아, 오스트레일리아, 남아메리카 대륙 등 전체 육지 면적의 20%를 차지할 정도로 넓지요. 그러나 건조하고 밤낮의 온도 차가 크기 때문에 생물이 살기에 적합하지 않습니다. 그렇지만 극한 환경에서도 적응력이 뛰어난 생물은 놀라운 생명력을 발휘하고 있답니다. 사하라 사막에는 1년 내내 물 한 방울 안 마시고도 살 수 있는 영양이 살고 있어요. 또 사막의 풍뎅이는 아침에 내리는 이슬을 받아먹으며 살아가고 있지요.

초원은 전체 육지 면적의 1~2% 정도로 매우 좁습니다. 그러나 초원을 서식지로 삼는 생물에게는 소중한 터전이지요. 초원은 아시아에서는 스텝, 유럽에서는 툰드라, 남아메리카에서는 팜파스, 아프리카에서는 사바나, 유럽과 북아메리카

에서는 프레리 등 여러 가지 이름으로 불립니다. 풀과 식물
이 많은 초원에는 초식 동물이 살기 때문에 초식 동물을 잡아
먹는 육식 동물도 산답니다.

수 생태계와 생물의 보고 습지

지구에서 가장 넓은 생태계는 바다랍니다. 바다는 지구의
약 70%를 차지할 정도로 매우 넓지요. 바다에는 세균, 조류,
산호, 어류, 고래 등 다양한 생물이 삽니다. 그러나 해양 생
물은 잘 알려지지 않았어요. 깊은 곳에 사는 미지의 생물들
이 많으니까요. 깊은 해저의 해양 생물들은 높은 압력을 이
겨 내며 살고 있답니다.

바다에서 생물 다양성이 가장 풍부한 곳은 산호초 지역입
니다. 산호초는 산호의 골격과 분비물인 탄산칼슘이 퇴적되
어 형성된 암초를 말해요. 열대나 아열대의 얕은 바다에 생
기며 공동체를 이루며 살지요. 산호초에 모인 생물 간에는
먹이 사슬에 의해 복잡한 공생 관계가 발달합니다.

맹그로브 지대도 산호초 지역처럼 생물 다양성이 풍부합니
다. 맹그로브가 떨어뜨린 잎과 가지가 분해되면 미생물의 양

분이 되지요. 복잡하게 얽힌 맹그로브 뿌리 사이에는 다양한 치어가 살아요. 치어가 자라서 큰 물고기가 되면 산호초 지대로 진출하게 됩니다.

육지에도 호수, 강, 연못, 늪처럼 물이 있는 곳이 많습니다. 전체 육지 면적의 1%도 안 될 정도로 좁은 공간이지만 수많은 생물이 살고 있지요. 조류와 양서류를 포함해 척추동물의 25%, 어류의 40%가 산답니다. 인간이 인공적으로 만들어 낸 생태계는 도시라고 부릅니다. 도시의 고양이, 까치, 비둘기는 인간이 버린 쓰레기에 적응했으며, 쥐, 모기, 바퀴, 파리, 개미는 인간이 거주하는 주택에 적응했지요.

다양한 서식지 중 최근 중요성이 높아지는 곳이 바로 습지랍니다. 습지는 생물 다양성 유지를 위해 가장 중요한 생태계로 급부상했지요. 생물 다양성이 매우 풍부하니까요. 미취(W.J. Mitsch)와 고셀링크(J.G. Gosselink)는 『습지』라는 책에서 습지를 생물의 슈퍼마켓이라고 비유합니다. 생물에게 정말로 좋은 서식지라는 의미이지요. 이처럼 습지는 수생 식물을 기반으로 다양한 동식물이 함께 사는 행복한 서식지랍니다.

습지는 축축하며 물이 고여 있는 땅으로 늪 또는 펄이라 부릅니다. 습지는 자연 또는 인공, 영구적 또는 일시적, 정수 또는 유수, 담수 또는 바닷물과 민물이 섞인 기수로서 수심이 6m를 넘지 않는 곳을 말합니다. 민물이나 바닷물이 일시적으로 또는 항상 고여 있는 곳을 말하지요. 습지는 물과 영양소가 풍부해서 식물이 자라기에 좋은 환경 조건으로 보이지만 실제로는 그렇지 않아요. 산소가 급격히 줄거나 수위가 변동하고 소금기가 유입되는 등 스트레스를 발생시키는 환경이거든요. 그러나 습지 생물은 놀라운 적응력으로 스트레스를 이겨 냈습니다.

습지는 상류로부터 물과 하수를 받아들여 안정적으로 물을 공급하고 홍수와 가뭄을 완화하는 역할을 합니다. 오염된 물을 맑게 하고 수변부의 깎임을 막아 주며 지하수를 채워 주는

우포늪

습지 유형		주요 습지	주요 분포지
연안 습지	간석지	중포, 함평, 순천, 보성 벌교	서해안, 남해안
	석호	송지호, 화진포, 경포호	동해안
	하구	한강, 섬진강	전국 강 및 하천 하구역
내륙 습지	범람원	달성 늪지, 여주	전국 하천 주변
	저층 습원	우포, 태평늪, 잘날늪	낙동강 배후 습지
	고층 습원	용늪, 오대산 습지, 우제치늪, 물영아리, 물장오리, 장도 습지	전국
인공 습지	논	강화도, 철원평야, 김포평야	전국
	저수지	팔당호, 주남지, 대성동	서해안
	간척호	천수만, 아산만, 남양만	천수만, 아산만, 남양만

습지의 종류

기능도 하지요. 특히 탄소를 저장해서 기후 변화를 안정시키는 중요한 역할도 합니다. 그래서 인간은 습지에 기대어 살아왔답니다.

우리나라에서 유명한 내륙 습지로는 우포늪과 대암산 용늪이 있습니다. 많았던 습지는 대부분 주거지와 경작지를 만들면서 훼손되고 말았지요. 고층 빌딩이 즐비한 강남 지역도 과거에는 습지였으니까요. 서해안 연안 습지인 갯벌은 세계적으로도 손꼽히는 중요한 습지입니다. 갯벌의 풍부한 해산물은 인간 생활의 기반이 될 뿐 아니라 철새들의 중간 기착지

역할도 합니다.

사람이 곡물을 생산하기 위해 만든 논도 습지에 포함됩니다. 자연친화적인 영농법을 실현하는 논은 다양한 생물의 훌륭한 서식지가 되지요. 그러나 습지 생태계가 위협을 받게 되면 다양한 생물의 생활도 움츠러들게 되지요. 습지는 점점 훼손되고 있지만 조사 연구는 부족하기만 합니다. 생물들의 좋은 서식지가 되는 습지 생태계를 보호하는 것이 생물 다양성 보호의 첫걸음이 된답니다.

소중한 생태계를 연구하는 생태학

식물 군집과 동물 군집이 환경의 영향을 받으며 함께 어우러져 살아가는 걸 생태계(ecosystem)라고 합니다. 생태계란 생물뿐 아니라 온갖 환경 요소까지 포함하지요. '생태'라는 말에는 생물을 둘러싸며 생물과 상호 작용하는 '환경'까지 포함되어 있으니까요.

생태계는 크게 생물 요소와 비생물 요소로 나눕니다. 생물 요소에는 생산자(단순한 무기물로부터 복잡한 유기물을 만드는 식물), 소비자(유기물을 소화하는 동물), 분해자(식물과 동물로부

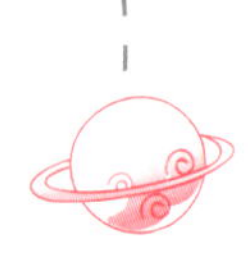

터 추출되거나 이것이 분해된 유기물을 흡수하는 박테리아, 곰팡이, 버섯 등)가 있습니다. 비생물 요소에는 무기물(탄소, 질소, 이산화탄소, 산소 등), 유기물(단백질, 탄수화물, 지질, 부식물 등), 물리적 요소(기후, 공기, 물, 흙 등의 환경)가 포함됩니다.

탄소, 질소, 이산화탄소, 인 등의 무기물은 공기, 토양, 암석, 물의 한 곳에만 머물러 있는 것이 아니라, 생산자, 소비자, 분해자 등의 생물 군집을 통해 이동합니다. 이동하는 경로를 보면 계속 순환된다는 걸 알 수 있지요. 생물 군집을 유지시키고 생태계의 물질 순환을 가져오게 하는 힘의 원천은 태양입니다. 태양 에너지는 전기가 건전지에 충전되듯이 식물에 유기물의 형태로 고정됨으로써 생물 군집의 삶을 유지시키고, 공기와 물, 그리고 이 속에 포함된 모든 물질의 순환을 일으키게 된답니다.

생태계라는 용어는 생태학에 공헌한 오덤(E. P. Odum)에 의해 1960년 이후 널리 쓰이고 있습니다. 어떤 지역의 생태계에 살고 있는 여러 생물들과 돌고 도는 에너지와 물질까지 모두를 말하지요. 생태계는 생물에 의해 이루어지기 때문에 생태계 기능 유지와 안정을 위해서는 생물 다양성이 풍부해야 합니다. 그러면 생물 다양성은 어떻게 생태계 안정성에 기여하는 걸까요?

만약 어떤 종이 사라졌을 때 그 역할을 대신할 경쟁자가 많다면 생태계에는 큰 변화가 발생하지 않습니다. 즉, 생물 다양성이 높으면 생태계의 어떤 종이 멸종해도 생태계 전체의 물질 순환과 에너지 흐름은 안정적으로 유지될 수 있습니다. 그러나 생물 다양성이 줄어들면 큰 혼란이 찾아옵니다. 도움을 주고받던 생물 종을 잃게 되면 상대 생물 종은 치명적인 영향을 입게 됩니다. 생물 종의 멸종으로 생태계의 균형이 무너지면 생물은 도미노 현상처럼 차례대로 멸종하게 되지요.

생태학은 지구 생물이 살아가는 다양한 생태계를 연구하는 학문입니다. 생물 개체, 유전자, 세포, 기관 등을 연구하는 생물학 분야보다 넓은 범위의 생명 현상을 연구하는 학문이지요. 생태학은 같은 생물 종 간의 상호 관계뿐 아니라 다른 생물 종끼리의 상호 작용까지 다루고 있어요. 뿐만 아니라 생물과 환경의 상호 작용도 연구합니다. 물질 순환과 에너지 흐름 측면을 연구하면 경제학이 되며, 생물과 생물 사이의 상호 작용 측면을 연구하면 사회학이 된답니다. 생태학은 인간의 미래를 지켜 나가는 소중한 학문이랍니다.

지구 생태계 평형

수많은 생물이 지구에 살고 있다는 건 얼마나 고마운 일인지 모릅니다. 다양한 생물 덕분에 행복하게 살 수 있으니까요. 곡물과 여우는 직접적으로 아무런 관련성이 없어 보입니다. 그러나 곡물과 여우 사이에는 쥐가 있습니다. 쥐는 곡식을 갉아 먹고 여우는 쥐를 사냥합니다. 지구 상의 수많은 생물들은 서로 관련을 맺으며 살아갑니다.

나무와 풀은 빛을 받아 광합성을 하여 영양분을 만듭니다. 만약 빛과 관계를 맺지 않았다면 중요한 에너지를 얻지 못했지요. 광합성을 통해 식물이 만든 영양분은 초식 동물의 먹이가 됩니다. 그리고 초식 동물은 육식 동물의 먹이가 되지요. 균류, 세균 등의 미생물은 죽은 동식물을 분해하여 자연으로 되돌려 보냅니다. 분해된 물질을 다시 식물이 흡수하여 양분을 만들어 내지요.

생태계는 먹고 먹히는 관계가 사슬처럼 연결되어 있습니다. 먹이 사슬 관계에서 먹는 자를 포식자, 먹히는 자를 피식자라 부르지요. 그런데 먹이 사슬은 한 방향으로만 이루어지지 않고 복잡하게 연결됩니다. 한 종류의 생물이 한 가지만 먹는 건 아니니까요. 먹이 사슬이 그물처럼 복잡하게 얽혀 있는 걸 먹이 그물이라 부릅니다.

먹이 그물은 생태계에 살고 있는 생물의 종류가 많을수록 더 복잡하게 얽히게 됩니다. 생물 다양성이 풍부할수록 먹이 그물은 더 촘촘해지지요. 다양한 생물들의 천국 열대 우림 기후 지역은 먹이 그물이 매우 복잡합니다. 복잡한 먹이 그물은 안정적인 생태계를 유지하는 힘이 된답니다.

두 종류의 생태계가 함께 나타나는 곳을 '추이대'라고 부

릅니다. 숲과 들판, 냇가와 논밭이 함께 형성되어 있는 곳은 생물 다양성이 풍부합니다. 그러나 생태계는 환경 변화에 따라 달라집니다. 황무지도 시간이 흐르면 동식물이 살게 되고, 푸른 초원도 물이 마르면 사막으로 변하니까요. 생태계는 온도, 기후, 물, 햇빛, 공기 등의 환경 요인에 영향을 받으며 변해 갑니다.

한 생물 종의 멸종으로 시작된 생물 다양성 감소가 연쇄적으로 생물 종을 멸종시키는 생물 다양성의 감소로 이어집니다. 직육면체 나뭇조각을 차곡차곡 쌓아 올린 후 하나씩 빼다가 전체 구조물이 무너지면 끝나는 젱가라는 게임을 보면 생태계의 문제를 이해할 수 있습니다. 나뭇조각 하나를 한 종으로 생각해 보세요. 나뭇조각 하나가 사라질 때 와르르 무너질 수 있습니다. 한 생물 종 때문에 전체 생태계가 피해를 볼 수 있답니다.

생태계의 풍요로움은 먹이 사슬이라는 생물의 관계를 바탕으로 성립됩니다. 사람도 사람 간 관계를 잘 맺어야 올바로 살 수 있는 것처럼, 생태계의 생물들도 관계를 잘 형성해야 오랫동안 번식하며 살 수 있습니다. 먹이 그물이 잘 유지되면 생태계의 먹이 피라미드는 안정적으로 유지됩니다. 그러나 먹이 그물과 먹이 사슬이 잘 유지되지 못하면 먹이 피라미

드는 불안정하게 유지되지요. 그렇게 되면 생태계의 균형이
기울어지고 맙니다.

만화로 본문 읽기

박사님, 생물 다양성이 중요하다는 건 알겠는데요, 실제로 어떻게 중요한 역할을 하나요?
음… 그럼 생물 다양성이 어떻게 생태계의 평형을 유지하는지 얘기해 볼까요?

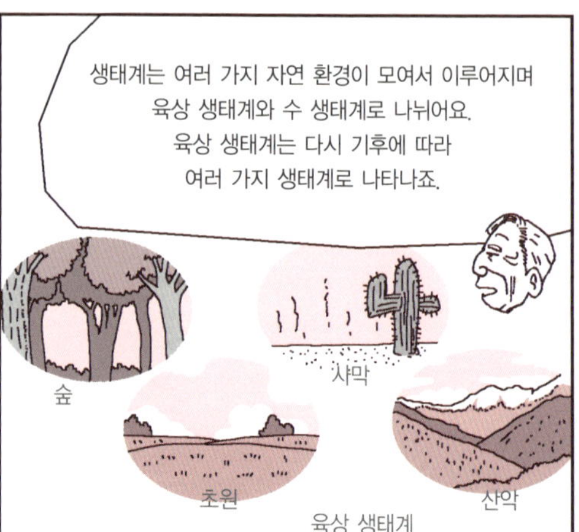
생태계는 여러 가지 자연 환경이 모여서 이루어지며 육상 생태계와 수 생태계로 나뉘어요. 육상 생태계는 다시 기후에 따라 여러 가지 생태계로 나타나죠.
숲
사막
초원
산악
육상 생태계

그럼 수 생태계는요?
수 생태계로는 지구에서 가장 넓은 바다가 있고 강이나 호수 등이 있죠. 그중에서도 생물 다양성이 풍부한 곳은 산호초 지역과 습지랍니다.
산호초 지역엔 많은 생명들이 모여 살고 있지.

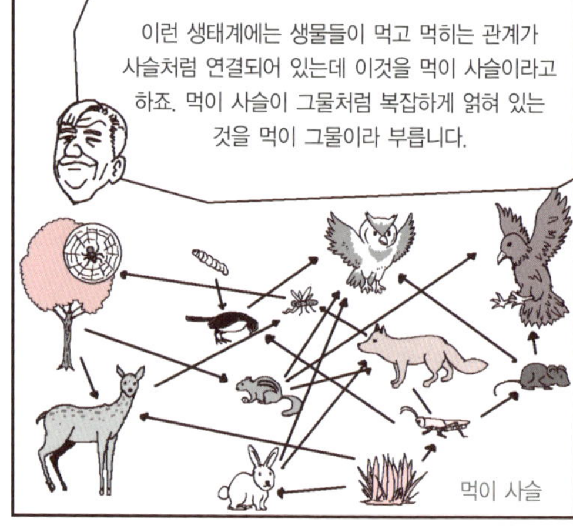
이런 생태계에는 생물들이 먹고 먹히는 관계가 사슬처럼 연결되어 있는데 이것을 먹이 사슬이라고 하죠. 먹이 사슬이 그물처럼 복잡하게 얽혀 있는 것을 먹이 그물이라 부릅니다.
먹이 사슬

먹이 그물이 복잡할수록 생태계는 훨씬 안정적인 상태를 유지할 수가 있어요.
아, 그래서 생물 다양성이 풍부할수록 생태계가 안정적으로 된다는 거군요.
복잡한 먹이 그물 ➡ 생태계의 안정

한 종의 멸종으로 시작된 생물 다양성 감소는 연쇄적으로 다른 생물 종에게 영향을 주고 결국 생물 다양성을 더욱 감소시키게 되지요.
음, 마치 젱가 게임처럼 나뭇조각 하나로 전부 무너질 수도 있단 말이군요.

생물 다양성의 가치와 생물 자원

생물 다양성이 주는 혜택과 소중한 생물 자원에 대해 알아봅시다.

5

생물 다양성의 가치와 생물 자원

생물 다양성의 가치

생물 다양성이 풍부하면 지구는 평화롭게 유지됩니다. 생물 다양성이 높은 곳은 좋은 환경을 유지하니까요. 생물 다양성은 인류에게 매우 중요한 가치가 있습니다. 다양한 생물은 인류와 함께 살아가는 동반자이니까요. 그래서 인간과 생물의 관계가 하나둘 끊기면 문제가 발생할 수밖에 없습니다.

인류는 오랜 세월 동안 다양한 생물 종으로부터 얻은 귀중한 자원을 활용하며 살아왔습니다. 식량, 옷, 주택 재료, 의

약품, 산업 생산물 등을 다양한 생물로부터 얻었지요. 인류는 생활을 유지하는 데 필요한 의식주를 지구촌 생물들에게 의존하고 있습니다. 과학이 발달하면서 개발된 새로운 제품의 원료와 질병 치료에 쓰이는 의약품도 모두 자연에서 얻습니다. 아름다운 생태계는 인간의 정서를 위한 관광 장소로도 활용됩니다.

생물 다양성은 인류와 매우 긴밀한 관련이 있기 때문에 생물 다양성과 생물 자원이 주는 소중한 기능과 경제적 가치를 이해하는 게 매우 중요합니다. 그러나 인류는 욕심을 부린 나머지 생물 다양성을 지키지 못했지요. 그동안 생물 다양성을 훼손시키는 경제 정책만 추구했으니까요. 생물 다양성을 무시한 정책이 과연 오래갈 수 있을까요? 물론 단기간 내에는 소득을 증가시켜 살기 좋아질 수도 있습니다. 그러나 장기적으로 볼 때 생물 다양성 감소는 오히려 경제 성장을 둔화시키고 인간의 삶의 질을 떨어뜨리게 됩니다.

인간은 수많은 개발과 환경 오염으로 생물 다양성을 훼손시켜 왔습니다. 그 결과 최근에는 기후 변화와 더불어 생물 다양성이 지구촌의 가장 큰 문제로 떠오르고 있지요. 눈앞의 이득만 바라보지 말고 미래를 바라보는 정책이 필요합니다. 생태계는 생물 다양성에 의해서 유지되기 때문에 최근에는 생태계 서비스라는 개념이 중요하게 다루어지고 있습니다.

지구 상의 수많은 생명체는 인류에게 매우 중요한 서비스를 제공합니다. 1997년에 데일리(G.C. Daily)는 생물 군집의 중심이 되는 자연 생태계가 사람의 삶에 필요한 것을 채워 주는 서비스를 제공한다는 의미에서 '생태계 서비스(ecosystem service)'라는 개념을 처음으로 제안했습니다. 생태계가 주는 서비스는 크게 4가지 범주로 구분되며, 4가지 범주 안에 24가지의 세부적인 서비스를 기술하고 있습니다. 그런데 24가지의 생태계 서비스 중 15가지가 크게 훼손되고 있지요. 인류의 성장 발전에 꼭 필요한 생태계 서비스가 훼손되는 건 인류 번영의 지속 가능성에 문제가 생겼다는 걸 의미합니다.

생물 다양성과 생태계 서비스

생태계가 인간에게 제공하는 서비스에는 물자 서비스, 문화 서비스, 부양 서비스, 조절 서비스가 있습니다. 물자 서비스와 문화 서비스는 인간이 직접적으로 제공받지만, 부양 서비스와 조절 서비스는 생태계의 기능을 통해 간접적으로 제공받고 있지요.

생태계의 서비스 중 가장 중요한 건 물자 서비스입니다. 인류는 식량, 물, 목재, 섬유, 해산물, 유전자원, 약물 등을 모두 생태계로부터 얻고 있으니까요. 인류는 음식, 의복, 주거를 위해 수많은 동식물을 활용해 왔지요. 인류가 행복하게 살기 위해 물자를 생산하는 농업, 목축업, 임업, 수산업에 종사하는 사람의 수가 약 26억 명이나 된답니다.

다양한 동식물 중 작물과 가축은 인류에게 매우 중요한 식량원입니다. 만약 생물이 식량을 제공하지 못했다면 지구촌 인구가 70억 명까지 번성하지 못했을 겁니다. 그러나 인류는 생태계가 제공해 주는 서비스를 올바로 활용하지 못했습니다. 계속되는 실수를 통해 생물 다양성을 훼손시키고 말았지요.

신석기 시대의 농업을 시작으로 수많은 농작물과 가축을 기르고 있지만, 생산성이 높은 종만 선호하다 보니 생물 종 다양성이 크게 감소했습니다. 무엇보다 20세기 후반에 생산성 높은 종만 선택하여 기르는 '집약 농업'이 활기를 띠면서 종자 다양성이 크게 줄었지요. 그 결과 전 세계 식량 소비량 중 90% 이상이 30종 미만의 곡물에서 생산되고 있습니다. 그중 쌀, 밀, 옥수수가 절반 이상을 차지하고 있답니다. 농작물의 다양성이 줄면서 질병, 자연 재해, 기후 변화에 대한 저항력이 약해졌습니다. 약해진 작물을 기르기 위해 비료와 살충제를 뿌려 대니 환경 오염까지 발생되고 말았습니다.

생산성을 높이기 위해 가축 품종도 개량했습니다. 그 결과 7600종의 가축 품종 중 190종이 이미 사라졌으며 1500종이 멸종 위기에 놓이게 되었지요. 유럽에서는 홀스타인 품종의 젖소가 전체 우유 생산량의 60%를 제공합니다. 달걀의 85%도 몇몇 품종의 닭에서만 생산되고 있지요. 농작물과 가축을 제대로 활용하지 못함으로써 생물 종 다양성이 줄어들고 있답니다.

생태계는 인류에게 의약품과 공업 원료도 제공합니다. 천연 약물의 대부분은 식물과 곰팡이에서 발견되었지요. 아스피린은 버드나무 껍질과 장미과의 터리풀 종류에서 발견된 살리실산에서 아세틸살리실산을 유도하여 만들었지요. 약국에서 팔리는 모든 처방 약의 25%가 식물에서 추출된 거랍니다.

생태계는 생물에게 꼭 필요한 물을 제공합니다. 세계 4대 문명은 모두 물이 있는 곳에서 시작된 걸 보면 물이 얼마나 소중한지 알 수 있습니다. 메소포타미아 문명은 티그리스와 유프라테스 강에서 시작되었고, 인더스 문명은 인더스 강, 황허 문명은 황허 강, 이집트 문명은 나일 강에서 시작되었습니다. 물은 인류뿐 아니라 모든 생물에게 가장 소중한 자원입니다.

생태계의 생물 다양성은 문화 서비스도 제공합니다. 정신적인 풍요, 성찰, 여가 활동, 미적 경험, 지식 체계, 영감과 아이디어의 원천, 종교와 풍습 등 수많은 혜택을 제공하지요. 사람의 지식도 자연과 생물에 대한 지식을 기반으로 세워졌습니다. 다빈치는 새의 날개로부터 비행기를 상상했고 거미줄로부터 섬유에 대한 아이디어도 얻었습니다. 곤충의 움직임에서 로봇 디자인의 영감도 얻었지요. 자연은 수많은 창의력을 제공하는 아이디어 뱅크입니다.

생물 다양성은 생태계의 부양 서비스도 제공합니다. 부양 서비스는 지구 상의 모든 생물이 행복하게 살아갈 수 있도록 도와줍니다. 생태계는 서식지를 제공하고, 영양소를 순환시키며, 토양을 형성해 보유하고, 공기 중의 산소를 만들며, 물을 순환시키는 역할을 하니까요. 생태계가 잘 유지되어야 지구촌 모든 생물이 평화롭고 안락하게 살 수 있답니다. 그러나 최근 다양한 환경 오

거미줄로부터 얻은 섬유의 아이디어

염이 발생되면서 생태계의 부양 능력이 점점 떨어지고 있어
서 안타깝습니다.

생태계는 지구의 균형이 잘 유지되도록 조절 서비스도 제
공합니다. 대기와 수질의 정화, 가뭄과 홍수 완화, 토양 형성
및 보전과 비옥도 재생산, 폐기물의 분해와 독성 제거, 농작
물과 자연 식생의 꽃가루받이, 종자 퍼뜨리기, 양분 순환, 농
업 및 인류의 병해충 제어, 생물 다양성 유지, 해안 침식 방
지, 자외선으로부터의 보호, 기후 안정, 이상 기온 막기 등의
다양한 서비스를 통해 생태계를 평화롭게 유지시키고 있답

니다. 생태계의 수많은 생물들에게 자연은 부모의 품처럼 따
스한 곳이랍니다.

생물 다양성의 경제적 가치

생물 다양성이 풍부한 생태계는 높은 가치를 지닌 서비스
를 제공합니다. 그렇다면 생물 다양성은 얼마나 가치가 있는
걸까요? 우리는 보통 무엇을 보고 그 제품의 가치를 알 수 있
을까요?

＿ 비싸 보이면 가치가 있어요.

＿ 좋은 제품일 때 가치가 있는 것 같아요.

＿ 가격을 보면 매우 쉽게 알 수 있어요.

우리는 보통 가치를 쉽게 알기 위해 가격을 표시합니다. 그
러나 생태계를 구성하는 생물에는 가격표가 붙어 있지 않아
요. 그러다 보니 실제로 생물 다양성이 얼마나 가치가 있는
지는 정확하게 계산하기 힘들지요. 다만 생물 다양성이 인간
에게 주는 생태계 서비스가 놀라울 정도로 크다는 것만 알고
있을 뿐입니다.

생태계의 생물들은 돈으로 환산할 수 없는 가치를 지니고

있습니다. 그러나 사람들은 가격표가 없다고 생물 다양성의 가치를 전혀 실감하지 못하지요. 산소의 고마움도 모르고 숨 쉬며 사는 것처럼 그저 당연하다고 여길 뿐이지요. 산림이 물을 여과시켜 정화시키고 갯벌이 오염된 물을 깨끗하게 만드는 걸 당연하다고만 생각하니까요. 그러나 맑은 물이 지속적으로 공급될 수 있는 건 모두 생물 다양성의 혜택이랍니다.

생물 다양성의 가치를 정확히 모르기 때문에 사람들은 생물 다양성을 쉽게 훼손합니다. 그래서 인류는 경제 발전을 위해 생태계를 망가뜨리고 말았지요. 다행히 최근에는 위기의식을 느끼고 있지요. 더 이상 생물 다양성이 감소되면 행복한 삶이 무너지게 된다고 뒤늦게나마 깨달았거든요. 앞으로 인류가 계속 번영하려면 생물 다양성 보존과 경제 발전을 동시에 이루어야 합니다. 그러나 아직도 오만한 인간은 생물 다양성이 주는 혜택을 당연하다고 여기면서 소중한 자연을 파괴하고 있답니다.

생물 다양성의 가치를 알리기 위해 지속 가능한 경제 발전을 추구하는 여러 단체에서 생물 다양성의 경제적 가치를 평가하려고 힘을 쏟고 있습니다. 국제 연합 환경 계획, 유럽 연합, 세계 자원 연구소는 생물 다양성의 올바른 가치를 평가하려고 노력하고 있습니다. 국제 연합 환경 계획은 '생태계

와 생물 다양성의 경제학(TEEB)'에서 생물 다양성이 훼손되면 인류의 행복을 보장해 주는 생태계 서비스도 훼손될 수밖에 없다고 말합니다.

우리나라의 국립 산림 과학원에서는 산림의 생태계 서비스 가치를 평가했습니다. 수자원 함양 서비스 18조 5000억 원, 정수 서비스 6조 2000억 원, 토사 유출 방지 서비스 13조 5000억 원, 토사 붕괴 방지 서비스 4조 7000억 원, 대기 정화 서비스 16조 8000억 원, 산림 휴양 11조 7000억 원, 야생 동물 보호 1조 8000억 원 등 모두 73조 2000억 원으로, 산림 생산물 총액의 18배에 달하는 가치가 있다고 밝혀졌습니다.

우리나라 산림의 가치는 국내 총생산액의 7%에 해당하며 국민 한 사람당 151만 원이나 된답니다. 국립 산림 과학원에서 인공 새집에 사는 박새의 해충 구제 효과를 분석한 결과, 인공 새집 한 개가 일 년 동안 약 48만 원의 효과가 있다고 밝혀졌습니다. 제주도의 제비 10만 마리는 약 20억 원의 해충 구제 효과가 있다고 합니다.

'생태계와 생물 다양성의 경제학'이라는 연구 그룹에서 열대림 생태계 서비스의 경제적 가치를 평가했습니다. 식량, 물, 원자재, 유전자원, 의약 자원 등의 자원 제공 서비스, 공기 정화, 기후 조절, 수자원 조절, 폐기물 처리와 정수, 침식

서비스 종류		평균	최고치
자원 제공 서비스	식품	75	552
	물	143	411
	원재료	431	1418
	유전자원	483	1756
	의약자원	181	562
조절 서비스	공기 정화	230	449
	기후 조절	1965	3218
	수자원 조절	1360	5235
	폐기물 처리/정수	177	506
	침식 방지	694	1084
문화 서비스	휴양 및 관광	381	1171
총계		6,120	16,362

열대림 생태계 서비스의 가치(TEEB 2009, 단위 US $/ha/year, 2007년 기준)

방지 등의 조절 서비스, 휴양과 관광 기회를 제공하는 문화 시비스를 평가한 결과 $10000m^2$(1ha)당 평균 6120달러였습니다.

최고일 때는 16만 362달러의 가치였으며, 한화로 대략 평균 700만 원, 최고 1900만 원이 됩니다. 우리나라 산림의 생태계 서비스 가치는 1ha당 1148만 8210원으로 열대림의 평균보다는 많고 최고치보다는 작습니다.

생물 다양성과 생물 자원

1960년대에 산업화가 시작되면서 생물 다양성 보전에 문제가 발생하기 시작했습니다. 도시화, 산업화가 이루어질수록 생물 다양성은 감소했고 중요성은 더욱 높아졌지요. 특히 생물 다양성이 21세기의 경쟁력으로 주목받게 되면서 생물 다양성의 가치는 더욱 치솟고 있습니다. 경제적으로 유용한 생물 유전자원을 폭넓게 보유하고 있는 국가가 큰 경제적 가치를 창출할 수 있으니까요.

생물 다양성이 의학, 농업, 산업에까지 확대되면서 가치가 더욱 높아지고 있습니다. 생물에서 추출한 수백 가지 이상의 화학 물질이 의약품에 이용되고 있거든요.

한 국가에서 보유하고 있는 생물의 종수는 생물 자원의 양을 가늠하는 기준이 되며 해당 국가의 부를 평가하는 척도가 되고 있습니다. 생물 자원은 장차 국제 사회에서 자국의 이익을 대변하는 무기로 바뀔 수도 있으니까요. 과학 기술이 발전하면서 거들떠보지도 않았던 생물의 잠재 가치가 새롭게 발견되고 있습니다.

생물 자원은 인류에게 식량을 제공해 줍니다. 인구 증가로 식량의 필요량이 급증하면서 식량 생산이 인구 증가를 따라

오지 못하고 있지요. 농산물 품종 개량과 식량 증산이 필요합니다. 한정된 수산 자원을 어획하다 보니 해양 자원도 고갈되어 가고 있습니다. 물고기를 잡는 어업에서 수산 자원 양식과 보호에 힘써야 하지요. 생물 다양성 보존에 힘쓰는 것이 인류의 식량난을 해결할 방법이랍니다.

철, 아연, 구리, 알루미늄, 니켈, 망간, 금, 은 등의 금속 재료는 생활용품과 기계를 만드는 데 많이 이용됩니다. 광물 자원 역시 인구가 증가하고 산업이 발달함에 따라 소비량이 급격히 증가했지요. 에너지원이 되는 석유와 석탄도 자연이 제공합니다. 그런데 석탄, 석유, 천연가스 같은 화석 연료는

친환경 에너지 발전 방식

한 번 채굴하면 다시 생산할 수 없습니다. 매장량에 한계가 있어서 고갈되니까요. 앞으로 100년 이내에 석유 자원이 고갈될 것으로 추정됩니다.

그래서 원자력 에너지, 태양열 에너지, 지열 에너지, 조력 에너지, 풍력 에너지 등의 대체 에너지를 개발해야 한답니다. 최근 원자력 에너지는 일본 대지진에 의한 방사능 누출로 위험성이 높은 발전 방식으로 낙인 찍혔지요. 그래서 앞으로는 태양열, 지열, 조력, 풍력 등 공해도 없고 자원 고갈도 없는 친환경 미래 에너지를 사용해야 합니다. 친환경 에너지는 생물 다양성을 보전할 수 있는 유용한 에너지입니다. 특히 지구 에너지의 근원이 되는 태양 에너지는 우리가 나가야 할 최상의 방향이랍니다.

생물 자원을 지속적으로 활용하려면 자연 보존이 필요합니다. 그러나 이미 인구 증가와 급격한 산업 발달로 자연이 크게 손상되었지요. 자연 훼손으로 멸종하는 생물 종이 늘어나면 생물 다양성은 줄어듭니다. 그래서 인류는 자연 파괴를 줄이고 조화로운 생태계를 유지시키기 위해 자연 보호 운동을 펼쳐야 합니다.

천연기념물, 국립 공원, 녹지대 확보를 위해 개발 제한 구역을 지정하고, 유독 가스, 매연, 공장과 광산의 폐수, 소음,

산불, 농약 남용 등을 막아서 자연을 보호해야 합니다. 무엇보다 자연을 아끼고 보호하는 마음이 필요합니다. 마음이 있을 때 제대로 보존될 수 있으니까요. 야생화 한 포기 나무 한 그루를 아끼는 마음 자세야말로 미래의 생물 다양성을 더욱 풍요롭게 하는 길이랍니다.

생물 다양성 보전을 위한 노력

생물 다양성은 높은 가치를 지니고 있지만 불행하게도 매우 낮게 평가되고 있습니다. 가치가 있다고 말은 하지만 정작 의사 결정이 이루어질 때는 고려되지 않거든요. 그러다 보니 산림 개발과 남획으로 생태계 훼손이 날로 증가하고 있습니다. 생물 종 감소는 우리가 유용하게 이용할 생물 자원이 사라진다는 걸 의미합니다. 생물 자원이 줄면 인간은 쾌적한 환경에서 편안하게 생활할 수 없습니다.

생물 다양성의 가치를 측정하는 건 쉽지 않습니다. 생물 다양성은 육지와 물속, 높은 고지대에서 깊은 바닷속 해구에 이르기까지 모든 곳에 존재하며, 미세한 박테리아에서 보다 복잡한 식물, 그리고 동물에 이르기까지 모든 생명을 포함하

니까요. 많은 도구와 데이터의 출처가 개발되고 있지만 아직까지 정교하게 측정하기엔 역부족이랍니다.

과학자의 비밀노트

환경 보호를 위해 우리가 할 일

1. 공책, 스케치북 등은 끝까지 사용해요. – 나무로 만들어짐
2. 연필도 몽당연필까지 쓰세요.
3. 물건을 함부로 버리지 마세요.
4. 종이 재활용 (공책, 상자, 종이 팩, 신문, 광고지)
5. 포장은 꼭 필요할 때만 하세요.
6. 유리병은 버리지 마세요. 썩는 데 100만 년이 걸려요. – 유리병, 유리그릇 재활용
7. 다 쓴 건전지는 모아요. – 수은 오염 방지
8. 수돗물을 아껴요.
9. 따뜻한 물을 아껴 써요. – 에너지 절약
10. 화장실 물을 아껴 써요.
11. 샴푸 대신 비누를 써요.
12. 쓰레기 부피를 가능한 줄여요.
13. 버려진 쓰레기를 주워요.
14. 은박지나 랩을 함부로 버리지 마세요.
15. 음식은 먹을 만큼만 덜어 먹어요.
16. 일회용 물건은 쓰지 말아요. – 컵 가지고 다니기
17. 냉장고 문을 자주 열지 마세요.
18. 사용하지 않는 전깃불은 꺼요.
19. 초록색 식물을 심어요.
20. 동식물을 괴롭히지 말아요.
21. 가까운 거리는 걸어 다녀요.

국제 자연 보호 연맹(IUCN)은 '적색 목록(The Red List of Threatened Species)'을 통해 생물 종들의 보호 상태에 관한 세계적 평가를 제공하고 있습니다. 국제 자연 보호 연맹 종 생존 위원회(IUCN Species Survival Commission)는 생물 종의 지위와 동향, 그리고 전 세계적·지역적·국가적 수준에서의 생물 다양성에 관한 광범위한 이해를 증진시키기 위해 수많은 접근 방식을 개발하고 있답니다.

생태계 파괴를 감소시키고 생물 다양성의 손실을 중단하기 위해 노력하려면 더 많은 정보가 필요하고 복원과 보호를 위한 비용도 많이 듭니다. 생물 종은 한번 멸종하면 다시 되살아나기 힘들기 때문에 더욱 소중합니다. 지구촌의 생물은 인간의 생존을 지켜 주고 편안함을 주며 풍요로운 여가를 제공하고 정신적 위안까지 줍니다. 생물 자원의 중요성을 올바로 인식해서 자원 부국이 되어야 합니다.

생태계는 모든 생물에게 서식지를 제공하는 부양 서비스와 대기와 수질의 정화, 가뭄과 홍수 완화, 폐기물의 분해, 종자 퍼뜨리기, 양분 순환 등의 조절 서비스도 하고 있답니다.

정말 많은 서비스를 하고 있네요.

생태계의 조절 서비스

대기와 수질의 정화, 가뭄과 홍수 완화, 토양 형성 및 보전
폐기물의 분해와 독성 제거, 식물의 꽃가루받이 종자 퍼뜨리기
양분 순환, 농업 및 인류의 병해충 제어, 생물 다양성 유지
자외선으로부터 보호, 기후 안정, 이상 기온 막기

하지만 생태계의 높은 가치를 깨닫지 못한 사람들이 경제 발전을 위해 생태계를 많이 훼손해 왔죠. 앞으론 생물 다양성의 가치를 알고 생태계를 보호해야 해요.

네, 저도 다시 한번 생각해 봐야겠어요.

6

생물 다양성의 위협 요인

서식지 감소, 외래종의 유입, 환경 오염 등 생물 다양성을 위협하는 여러 가지 요인에 대해 알아봅시다.

6

생물 다양성의 위협 요인

지구촌 생물을 위협하는 요인에 대해
알아보자며 여섯 번째 수업을 시작했다.

위협받는 지구촌 생물

최근 지구와 닮은 'HD85512b' 라는 행성이 발견되었습니다. 지구에서 36광년이나 떨어진 매우 먼 곳에 있는 행성이지요. HD85512b는 원형에 가까운 공전 궤도로 인해 안정된 기후를 기대할 수 있으며, 특히 액체 상태의 물이 있습니다. 물은 생명체가 살기 위해 꼭 필요하지요.

우리가 살고 있는 푸른 지구는 태양계에서 유일하게 생명체가 살고 있는 행성입니다. 지구에는 질소, 산소 등으로 구

성된 대기층이 있습니다. 대기층은 태양 빛이 지표까지 모두 도달하지 못하게 해서 급격한 온도 변화를 막아 줍니다. 또한 열을 저장해서 기온을 일정하게 유지시키지요. 성층권의 오존층은 유해한 자외선을 차단하여 지구의 생명체를 보호하는 중요한 역할을 한답니다.

지구는 태양 주위를 도는 공전과 스스로 도는 자전을 통해 밤과 낮이 생기고 계절이 바뀝니다. 해류와 조석에 의해 기후도 달라지게 되지요. 그로 인해 지구에는 열대, 온대, 건조 기후 등의 다양한 기후가 나타나며, 각각의 기후에 적응한 생물도 살고 있습니다. 인류는 지구촌 생물과 마찬가지로 물, 온도, 습도, 공기, 햇빛 등의 환경 영향을 받으며 살아갑니다.

맑은 물과 적절한 기온과 습도는 인간 생활에 매우 좋은 조건입니다. 햇빛은 물건을 건조시키고 살균 작용을 해서 세균의 번식을 막아 주지요. 이처럼 환경 조건이 인간의 생활에 적합할 때 쾌적한 환경이라고 합니다. 쾌적한 환경은 인간의 행복한 삶을 보장해 줍니다.

그러나 생물 다양성 감소로 쾌적한 환경이 훼손되어 인류에게 위기가 찾아오고 있습니다. 생물 다양성은 왜 감소하는 걸까요? 이번 시간에는 인류의 희망찬 미래를 열어 줄 생물 다양성을 위협하는 요인에 대해 알아보도록 합시다.

여러분은 생물 다양성을 위협하는 가장 큰 요인이 뭐라고 생각하나요?

＿＿ 환경 오염 때문에 생물이 죽고 있어요.

＿＿ 생물들의 서식지가 파괴되었어요.

＿＿ 생물들을 마구 잡아 죽여요.

생물 다양성을 감소시키는 원인은 매우 많아요. 그런데 가장 큰 원인이 불행하게도 인간이랍니다. 인간이 지구에서 모두 사라지고 나서 4년이 지나면 지구 생태계가 완전히 회복된다고 말할 정도니까요. 도시화, 산업화 등의 개발과 오염을 통해 수많은 생물 종을 멸종시킨 건 바로 인류이지요. 결국 생물 다양성의 가장 큰 적은 바로 인간이랍니다.

생물 다양성이 감소된 생태계에 유입된 외래종은 큰 혼란을 일으킵니다. 소비를 위해 밀렵과 남획이 이루어지면서 소중한 생명체가 사라져 가기도 합니다. 그 결과 생물 종이 멸종되어 생물 다양성은 나날이 줄어들고 있답니다.

자연을 이용하는 것이 무조건 위험한 일은 아닙니다. 그러나 생태계의 생물 종을 죽이고 교란시킴으로써 생태계가 지속적으로 훼손되는 건 문제이지요. 생태계의 구조와 기능을 더욱 좋게 만들어 가기 위해서 인류가 어떤 노력이든 해야 하

며, 손상된 생태계를 안정된 생태계로 복원해 가는 것도 필요합니다. 이것이 생태계의 다양성과 관련하여 인류가 해야할 가장 중요한 일이랍니다.

서식지 감소와 외래종의 영향

생물 다양성을 감소시키는 근본적인 환경 문제는 크게 다섯 가지로 구분됩니다. 서식지의 파괴 및 악화(H), 외래종의 침입 및 유입에 의한 영향(I), 대기, 수질, 토양 등 환경 오염(P), 세계 인구의 급격한 증가(P), 과도한 사냥과 수렵과 벌채, 적정 수준을 넘는 수산 자원의 남획, 일부 고효율만 강요하는 농경 재배 방식(O) 등입니다. 그럼 지금부터 한 가지씩 원인을 알아볼까요.

생물 다양성 감소의 첫째 원인은 서식지 파괴와 악화입니다. 서식지가 파괴되거나 악화되면 생명체들은 활발하게 살수 없지요. 육지 생명체의 절반 이상이 살고 있는 열대 우림의 숲은 지난 100여 년 동안 절반이나 파괴되었습니다. 초원이나 열대 건조림이 농경지, 조림지, 방목장, 도시로 바뀌면서 야생 동물들은 고향을 잃었지요. 자연림이 줄어들고 코코

아, 커피, 고무나무 등을 생산하는 조림지는 늘었답니다.

해양과 담수 생태계도 과도한 어획, 수질 오염, 연안 개발 등으로 위협받고 있습니다. 약 10만 종의 생물이 사는 생물 다양성의 보고 산호초는 60%가 위험에 처해 있습니다. 강은 댐 건설과 개발로 직선화되면서 문제가 발생되고 있습니다.

산업화를 통해 서식지가 바뀌고 파괴되면서 동식물은 혼란 속에 빠졌어요. 서식지가 줄어들면 넓은 영역이 필요한 종, 번식 능력과 밀도가 낮은 종, 특별한 환경을 요구하는 종은 더욱 쉽게 멸종되지요. 우리나라의 한국호랑이도 넓은 행동권을 갖는 대형 육식 동물이기 때문에 개발에 의한 피해가 매우 컸지요. 이렇게 되면 이주해서 적응할 수 있는 동물만 살아남게 되지요.

개발로 인한 서식처 파괴는 동식물뿐 아니라 토착 민족의 삶에도 치명적인 영향을 주었습니다. 북아메리카나 아프리카 원주민은 생활 터전을 잃고 적응하지 못해 인구가 감소하고 멸종에 처하게 되었지요. 이처럼 인간의 활동에 의해 수천 종의 생물이 어쩔 수 없이 고향을 떠나고 있습니다. 고향을 떠난 생물 종이 새로운 지역에 정착하면 또 다른 문제를 일으킵니다.

외부 서식지에 불쑥 나타난 외래종은 생태계를 위협합니다.

　　외래종이 인간에 의해 유입되기도 합니다. 관상용, 경관용, 식용으로 활용하기 위해 생물 종을 유입시키고 있으니까요. 때로는 생물학적으로 방제하기 위해 외래종 천적을 도입함으로써 생태계에 악영향을 일으키는 경우도 있습니다. 유입된 외래종이 생태계에 어떻게 영향을 주게 될지는 아무도 모르니까요.

　　외래종의 무분별한 유입은 특정한 지역이나 국가의 고유 생태계의 기능을 위협할 수 있습니다. 특히 고유종이 많은 섬은 영향이 훨씬 더 크지요. 제주도에 도입된 까치는 자생 조류를 멸종 위기에 몰아넣었어요. 울릉도에서 고양이가 피해를 준다고 고양이를 잡아먹는 뱀을 도입하는 건 또 다른 문제를 불러일으킬 수 있습니다. 뱀은 울릉도 자생 조류에게 피해를 줄 수 있기 때문에 외래종 도입은 생물 다양성 보전을 위해 세심하게 검토되어야 한답니다.

환경 오염

자연을 활용하려고 개발을 하다 보면 환경 오염이 발생할 수밖에 없습니다. 바다, 대기, 토지 등 자연의 이기적 이용, 전쟁을 통한 국력 과시, 개발 도상국으로의 공해형 산업 수출 등은 모두 환경 오염을 유발시킵니다. 1950~1960년대만 해도 기술이 모든 걸 해결할 거라고 굳게 믿었지요. 그러나 기술 발전은 환경 오염이라는 부작용을 일으켰습니다.

디디티로 인한 야생 생물(조류 군집) 감소, 가죽 하학 물질의 먹이 연쇄에 의한 생물 농축, 폴리염화바이페닐(PCB) 같은 물질이 생물에게 악영향을 미치면서 생물 다양성은 감소했습니다. 다행히 1961년 카슨(R. Carson)이 『침묵의 봄』이란 책을 통해 환경 문제를 널리 알리면서 문제를 인식하게 되었지요. 녹색 혁명이 시작되면서 지구의 대기, 담수, 해양,

토양 등의 환경 오염 문제가 면밀히 검토되고 있답니다.

인구 증가와 산업 발달로 대기 오염이 심각해졌습니다. 대규모 공장이 들어서고 교통 수단이 발달하면서 석탄과 석유 등의 연료 소비가 급증했으니까요. 해로운 물질이 대기로 방출되면서 공기가 오염되었어요. 대기 오염은 1952년 런던 스모그 사건 이후 중요한 문제로 떠올랐습니다. 검은 스모그에 의해 4000여 명의 희생자가 발생했고 pH5 이하의 강한 산성비가 내렸거든요. 미국과 유럽에서는 공업 지대 주변의 나무가 말라 죽었고 호수의 20%가 산성화되어 호수 생태계가 파괴되었지요. 산성비는 눈과 피부를 자극하고 금속, 건축물을 부식시켜 문화재도 훼손시키고 있답니다.

과학자의 비밀노트

스모그 현상

스모그는 스모크(연기+배기 가스)와 포그(안개)의 합성어다. 공기가 오염된 대도시나 공장 지대에서 발생하며, 배기 가스 속의 몇 가지 물질이 햇빛을 받아 공기 중의 물방울과 결합하여 짙은 안개 모양으로 나타나는 현상이다. 대도시 오염 물질은 비에 섞여 산성비가 내리게 한다. 금속이나 콘크리트 같은 구조물을 상하게 하고 생물이 살아가는 데 큰 피해를 입히기도 한다. 인간에 의한 대기 오염은 현대 사회에서 매우 심각한 문제로 떠오르고 있다.

석탄과 석유를 사용하면서 발생한 이산화탄소, 메탄가스, 이산화질소 등의 유해 가스는 적외선 복사열의 방출을 막아 온실 효과를 발생시켰습니다. 온실 효과로 지구 온난화 현상이 심해지면서 극지방의 빙산도 녹고 있지요. 21세기 중반이 되면 해수면이 2m 이상 상승하고 저지대 침수로 인해 환경 난민도 발생하게 됩니다. 냉장고, 에어컨의 냉매제나 헤어스프레이용 분무제 등에 쓰이는 CFC(프레온 가스)는 자외선을 차단해 주는 오존층을 파괴한답니다.

대기 오염 물질이 발생되고 있지만 해결할 수 있는 뾰족한 방법이 없어서 고민입니다. 태양 전지 자동차, 전기 자동차, 수소 연료 자동차, 메탄올 자동차, 신소재 자동차 등 미래형 자동차를 개발해야 되며, 프레온 가스 대신 액화 석유 가스를 사용해야 합니다.

산업 발달과 인구 증가로 물도 오염되었습니다. 공장 폐수, 생활 하수, 농야은 수질 오염이 근본 원인이 됩니다. 농약과 비료가 빗물에 씻겨 하천을 오염시키고, 수은, 납 등의 중금속이 몸속에 쌓여서 문제를 일으키지요. 강에 흘러들어 온 폐수와 오수 때문에 식물 플랑크톤이 죽으면서 산소가 줄어들었습니다. 물고기들은 산소 부족으로 떼죽음당하고 말았지요. 물론 물은 스스로 깨끗해지는 자정 능력이 있지만, 인

간은 물의 자정 능력을 뛰어넘을 정도로 오염을 발생시켰던 거랍니다.

부패성 물질, 유독 물질, 축산 폐수, 생활 하수, 산업 활동에 따른 산업 폐수 등은 수질 오염을 일으킵니다. 농경지, 삼림의 유출수, 야영지, 낚시터, 유원지 등의 수상 시설물에서 배출하는 기름, 오수, 음식 찌꺼기와 농가 및 골프장에서 배출하는 농약, 비료 등도 오염원이 되고 있습니다. 부유 물질이 많아지면 자연 경관을 해치고 수영, 낚시, 보트 등의 여가 활동에도 방해가 됩니다. 유조선 사고에 의한 기름 유출은 대규모 해양 오염을 발생시킵니다.

토양은 식량 생산에 매우 중요합니다. 그런데 도시, 공장, 광산 등에서 배출한 유해 물질이 토양에 축적되면서 문제가 발생하지요. 오염된 토양이나 광산에서 배출된 카드뮴, 구리, 아연, 납, 수은, 니켈, 크롬 등의 중금속은 재배된 작물과 동물에게 피해를 줍니다. 폐기물을 토양에 그대로 버리거나 묻는 것도 문제이지요. 도시의 쓰레기, 공장 폐기물, 농약, 비료 등의 유해 물질에 의해 토양 오염도가 크게 증가하고 있답니다. 인구 증가로 주거지가 늘어나는가 하면, 고속 도로, 대규모 공업 단지, 댐 등의 건설 공사로 농경지와 삼림은 빠르게 줄고 있습니다. 그 결과 쉽게 산사태가 발생하지요. 토양 보존을 위해서는 무분별한 삼림 파괴를 막는 게 최우선입니다. 농경지에서는 화학 비료의 사용을 줄이고 토양에 영향이 적은 살충제를 개발하여 생태계가 균형을 유지하도록 도와야 합니다.

바위가 풍화되어 1cm 두께의 흙이 만들어지기까지 약 100년이라는 엄청난 시간이 걸립니다. 표층토가 씻겨 내려가지 않도록 보존하기 위해 산에는 나무를 심어야 합니다. 환경 오염이 계속 발생되고 있지만 어쩔 수 없다고 방치하는 건 매우 위험합니다. 환경 오염을 줄여서 생물 다양성을 보존하는 건 인류가 건강하게 지구촌에서 살 수 있는 지름길이랍니다.

기후 변화

서유, 서탄 등이 화서 연료를 지속적으로 사용하면서 기후 변화가 발생했습니다. 기후 변화로 대규모의 가뭄, 홍수, 태풍 등이 빈번하게 발생하고 있지요. 계절에 따른 동식물의 활동 변화도 발생하고 있습니다. 꽃가루받이를 매개하는 동물의 수가 줄어들면서 식물의 번식에도 문제가 생겼고, 한라산의 경우 한대성 식물이 살 곳이 사라져 갑니다.

중국 북부의 사막 지대가 점점 확대되면서 황사 피해도 해마다 심각해지고 있습니다. 호흡기 질환, 눈 질환, 알레르기 등 각종 질환이 인간을 괴롭히고 있으며, 항공기 운항 시 정밀 기계 오작동까지 발생하고 있지요. 바다에서는 지구 온난화로 바닷물 기온이 상승하면서 산호초가 말라 죽는 백화 현상이 발생하고 있습니다. 산호초가 죽으면서 산호초 지대를 기반으로 살아가는 해양 생물 모두에게 위기가 찾아오고 있답니다.

지구 온난화가 지속되면 어떤 일이 벌어지게 될까요? 지구 평균 기온이 1.5℃ 상승하면 최대 17억 명의 인구가 물 부족에 시달리며 3000만 명이 기근에 허덕일 거라고 추측합니다. 물 부족으로 사막화가 진행되면 농사지을 땅도 줄어들어 식량 대란이 옵니다. 지구 평균 기온이 3℃ 이상 상승하면 최대 1500만 명이 홍수 위험에 놓이며 1억 2000만 명이 굶주리게 됩니다. 3.8℃ 이상 상승하면 최대 32억 명의 인류가 물 부족 현상을 겪게 되지요.

극지방은 기온이 2~3℃ 상승하면 빙하가 녹아내리고 해수면 상승으로 해안 침식이 심각해져서 홍수 위험이 커집니다. 화석 연료를 계속 사용하면 21세기 말에는 평균 기온이 6.4℃, 해수면이 59cm 상승할 거라 예측하고 있답니다.

기후 변화 피해 현상

2007년 IPCC(유엔 산하 정부 간 기후 변화 위원회)의 보고서에 의하면 2020년엔 지구 온도가 지금보다 1℃ 상승하면서 양서류가 모두 멸종할 거라고 예상합니다. 기온이 2~3℃ 오르는 2050년에는 지구 생물의 20~30%가 사라지고, 지구의 평균 기온이 3.5℃ 상승하는 70~80년 후에는 전 세계 생물 대부분이 멸종할 거라고 추측한답니다.

지구 평균 기온이 1℃ 이상 올라가면 인간에게 전염병과 알레르기가 확산됩니다. 1.5℃ 이상 상승하면 지상에 있는 유해 오존층의 증가로 심장 질환 발생률이 높아집니다. 영양 부

족, 가뭄, 홍수, 폭우, 폭염으로 사망자가 급증합니다. 특히 경제 성장, 인구 증가, 도시 집중 현상이 두드러지는 아시아에서 기후 변화의 악영향이 더 클 거라고 추측하고 있습니다.

인구 증가와 과다 수확

서식지 파괴와 환경 오염 등의 근본 원인은 인구 증가입니다. 인구 증가로 자연 자원을 과다하게 이용하게 되었으니까요. 물론 오래전부터 열매를 채취하고 수렵했지만, 농경 시대가 열리면서 인구가 급증한 것이 가장 큰 원인이 되었답니다.

특히 16세기 이후 산업 혁명과 의학 발전으로 인구가 기하급수적으로 불어나면서 자연이 도시로 바뀌고 환경 오염이 심해지고 있습니다. 인구 증가로 가정 쓰레기, 자동차 배기가스, 생산과 소비 폐기물도 함께 증가했고 환경 오염도 발생했지요. 삼림 벌채와 지하자원 채굴이 늘면서 환경 파괴가 더욱 심각해졌어요. 물자가 흔해지면서 일회용품 사용이 증가해 폐기물도 늘어나게 되었답니다.

산업화는 지역 간 불균형, 대기업 중심의 경제 발전, 노사 문제, 부정부패 등 다양한 문제를 일으켰지만 가장 큰 문제

점은 역시 환경 오염입니다. 우리나라도 1960년 이후 본격적
으로 산업화되면서 한강의 기적이라는 경제 발전을 이루었
지만 부작용도 컸지요. 개발을 서두르면서 환경 파괴와 오염
이 심각해졌으니까요.

자연 환경 파괴와 환경 오염은 인구 증가에 따른 부작용입
니다. 45억 년의 지구 역사 중 최근에 인구가 폭발적으로 증
가했으니까요. 인구가 증가하면서 자연 환경을 과다하게 활
용하게 되었고 환경 오염도 발생하게 되었지요. 환경 오염은
생물 종의 생존과 번식에 영향을 주어 생물 다양성 감소를 유
발시켰어요. 인류는 거대한 지구 생태계의 평형을 깨뜨린 유
일한 생물 종이 되었답니다. 갈수록 빨라지는 인구 증가로
환경 오염 문제도 우려됩니다. 2011년에 세계 인구는 70억
명쯤 되는 것으로 추정됩니다. 인구 증가에 따른 대비책이
절실합니다.

인간이 벌이는 사냥과 애완용 동식물 거래는 전체 생물 종
멸종 원인의 44%를 차지하고 있습니다. 상업 목적 21%, 오
락성 사냥 12%, 생계형 사냥 6%, 수집에 의한 것 5%는 대
부분 피할 수 있는 항목입니다. 그러나 특정 민족이나 종족
은 아직도 식량, 의복, 생계 유지 수단으로 사냥을 계속하고
있습니다. 인간의 과도한 활동으로 아프리카코끼리, 북아메

리카 들소, 동양의 곰류, 맹수류 등은 멸종 위기에 처하게 되었습니다.

상업적 어업의 절반 이상은 과다 수확되고 있습니다. 다이너마이트로 산호초를 파괴하고 저인망 어선으로 바닥을 훑는 어획 방법으로 상업적으로 중요하지 않은 생물 종까지 마구 잡아 죽이고 있으니까요.

열대 밀림 지역에서는 불법 벌목으로 인해 숲이 줄어들고 있습니다. 그 결과 산불이 발생하고, 자연림이 농경지로 전환되면서 열대림의 기능을 상실하고 있지요. 삼림을 태워서 재로 농사짓는 화전 농업이 아마존 지역에 번성하면서 숲이 사라져 가고 있습니다.

사막이 확대되면서 건조 기후 지대의 식생이나 비옥한 토지를 사용할 수 없게 됩니다. 무분별한 화전과 과잉 방목, 삼림 벌채, 과잉 경작, 관개 시설 빈약 등으로 토질이 나빠진 것이 사막화의 원인이지요. 최근 50년간 사막화된 면적은 한국 국토 면적의 6배에 해당하는 약 65만km^{2}랍니다.

개발로 인해 서식 지역이 분단됨으로써 생물 종 이동이 단절됩니다. 깊은 도랑에 빠진 뜸부기가 못 나오고 가느다란 수로가 생기면서 개구리가 기어오르지 못하게 되지요. 생태계 분단은 벌채에 비해 규모는 매우 작지만 생물 종을 위협합니다.

생물 다양성을 감소시키는 다섯 가지 원인은 매우 중요합니다, 생물 다양성 감소의 원인을 알아야 대책을 세울 수 있으니까요. 생물 다양성을 보전하려면 우선적으로 이들 다섯 기지 원인을 줄여 나기야 합니다. 생물 다양성 감소 원인을 사전에 방지하는 기술적·제도적·사회적 장치, 그리고 개개인의 이해와 노력이 필요하답니다.

인류가 쾌적한 환경에서 오랫동안 행복하려면 생물 다양성을 보전해야 합니다. 인류는 지금으로부터 1만 년 전까지만 해도 생태계의 질서에 순응하며 살아왔습니다. 그러나 인구

도시화와 산업화

증가와 문명 발달로 도시화와 산업화가 이루어지면서 생태계 균형이 무너졌지요. 처음엔 한정된 지역에서만 파괴와 오염이 발생했지만 지금은 지구촌 전체에서 발생하고 있습니다. 뛰어난 두뇌로 지구를 개발한 인류는 생태계를 여러 형태로 바꾸려 하다가 오히려 스스로를 위협하게 되었습니다.

만화로 본문 읽기

박사님, 생물 다양성이 그렇게 중요하다면 다양성을 감소시키는 가장 큰 원인을 없애면 되지 않나요?
네… 하지만 가장 큰 원인이 불행하게도 인간이라서 말이죠.

네? 인…간이라고요?
그렇답니다. 그래서 내가 생물 다양성을 감소시키는 근본적인 환경 문제를 다섯 가지로 크게 구분했어요.
생물 다양성을 감소 시키는 원인
서식지 감소
외래종의 유입
환경 오염
인구 증가
과다 수확

벌목이나 농경지, 방목장, 도시 등으로 인해 생물의 서식지가 파괴되거나 악화되었고, 이렇게 살 곳을 잃은 생물들은 다른 곳의 생태계에 영향을 주게 됩니다.
서식지 감소와 외래종 유입이 그것이군요.
이젠 우리들이 살 곳이 없어.

다음으로 환경 오염이 있어요. 인간이 자연을 개발하면서 여러 가지 물질이 환경을 오염시키지요. 각종 오염 물질이 토지, 물, 대기 등을 오염시켜 생물 다양성을 많이 감소시키고 있답니다.
그거 큰일이네요.
우헤헤, 우리가 생물 다양성을 감소시키고 있지.

기후 변화는 어떤 건가요?
화석 연료의 지속적인 사용으로 인해 발생한 기후 변화는 대규모의 가뭄, 홍수, 태풍 등을 빈번하게 발생시키고 계절의 변화도 발생시켜 생물 다양성을 위협하고 있어요.
홍수
태풍
가뭄

이러한 모든 것의 근본적인 원인이 바로 인구 증가입니다. 폭발적인 인구 증가로 인해 과다 수확이 이루어지면서 생태계를 위협하고 있는 것이죠.
원인을 알았으니 빨리 대책을 세워야겠어요.

7

멸종 위기의 동식물

멸종 위기 동식물의 증가로 생물 다양성이 고갈되는 현상에 대해 알아봅시다.

멸종 위기의 동식물

교.	초등 과학 6-1	4. 생태계와 환경
과.	중등 과학 1	4. 생물의 구성과 다양성
연.		
계.		

생물 다양성의 위기

아마존, 캄보디아 숲, 마다가스카르 섬, 히말라야는 생물 다양성이 매우 풍부한 곳입니다. 최근 특별한 동물이 서식하는 곳으로 주목받고 있는 곳은 아프리카의 마다가스카르 섬이지요.

＿ 이곳에 어떤 생물이 살고 있는지 아나요?

＿ 사람들에게 널리 알려지지 않은 카멜레온이나 나뭇잎꼬리도마뱀붙이 같은 신비로운 동물이 있다고 들었어요.

맞아요. 최근 아프리카의 마다가스카르 섬에서 200여 종의 신종 양서류가 발견되었습니다. 파충류 학자인 프랭크 글로(Frank Glaw)는 마다가스카르 섬에서 약 100종의 신종 개구리를 발견하고 더 이상은 없을 거라고 예상했지요. 그러나 이번에 새로운 양서류 200여 종이 발견되면서 마다가스카르 섬이 세계에서 가장 다양한 생물 종을 보유한 곳으로 알려지게 되었답니다.

그러나 미지의 생물이 살고 있는 마다가스카르 섬에도 문명이 들어오고 개발이 진행되면서 위기가 찾아왔습니다. 이미 마다가스카르 섬의 파충류 중 약 40%가 생존에 위협을 받고 있거든요. 위협을 받는 파충류 중 95%는 지구 상의 다른 어떤 곳에서도 살지 않는 희귀종이랍니다. 그 외에 양서류, 조류, 포유류 등의 생물도 위협받고 있습니다.

생물 종이 감소되자 마다가스카르의 관광 산업에도 피해가 발생하고 있습니다. 개구리, 카멜레온, 보아 뱀, 여우원숭이, 나뭇잎꼬리도마뱀붙이 등은 국립 공원 등의 보호 구역에만 서식할 뿐 다른 곳에서는 찾아보기 어렵게 되었어요. 화전 농업을 하거나 숯을 만들기 위해 벌목이 행해짐으로써 동물이 살기 좋은 환경을 갖춘 숲이 줄어들고 있기 때문이지요.

벵골호랑이, 눈표범, 외뿔의 무소 등이 살고 있는 희귀 생

화전 농업

물의 터전 히말라야 동부 지역도 마찬가지입니다. 지난 10년 동안 포유류 2종, 조류 2종, 양서류 16종, 파충류 16종, 어류 14종, 식물 244종, 무척추동물 60종 등 350여 종의 새로운 동식물이 발견되었습니다. 매년 35종의 새로운 동식물이 발견된 셈이지요. 무게가 11kg밖에 되지 않는 자그마한 사슴, 녹색 몸에 빨간색 발을 가진 개구리, 해발 5100m 이상의 고지대에서 사는 민물 갑충도 발견되었답니다.

히말라야는 네팔, 부탄, 중국, 인도, 방글라데시, 미얀마 등의 여러 나라로 분할된, 세계에서 가장 험준하고 아름다운 지역입니다. 그러나 이곳에서까지 환경 파괴가 발생하면서

희귀 동식물의 생존에 위협을 주고 있습니다. 불법 벌목, 농지 확장, 밀렵 등으로 몸살을 앓고 있으며, 훼손되지 않은 곳이 25%에 지나지 않습니다.

생물 다양성이 풍부한 곳에 위기가 찾아오면 생물 종 멸종의 위험이 더 커집니다. 생물 다양성이 급속히 줄어들게 되면 생명의 궁극적 원천인 생태계의 생명 부양 시스템에 문제가 발생하게 되지요. 생물 종 멸종으로 발생한 생물 다양성 감소는 인류에게 위기감을 조성하고 있답니다.

멸종 위기에 처한 생물

생물 다양성 감소로 가장 먼저 피해를 입는 건 누굴까요? 당연히 다양한 생물입니다. 수많은 야생 동식물들은 생태계 훼손의 희생양이 되지요. 생물 다양성 감소로 멸종 위기에 처하는 생물이 부쩍 늘고 있답니다.

아마존 숲, 캄보디아 숲 등 열대 우림 지역, 북극, 산호초, 갯벌 등 생물 다양성이 풍부한 곳은 대부분 위기에 처했습니다.

아마존은 벌목과 경작지 증가로 생태계가 위기에 빠졌습니다. 캄보디아 숲도 무리한 광산 개발과 벌채로 자연 환경이 훼손되면서 야생 동식물의 생태계가 파괴되었지요. 메콩 강은 댐 준공으로 강 수위가 낮아져 어획량이 줄어들었고, 급속한 도시 발전과 공장 건설로 환경 문제가 커지고 있습니다.

오키나와 부근의 난세이 제도는 포유동물의 약 50%가 고유종입니다. 그래서 국제 자연 보호 연맹(IUCN)과 세계 자연 보호 기금(WWF)에서는 난세이 제도를 '동양의 갈라파고스'라 부르지요. 그러나 이곳도 개발과 인구 증가로 생태계 보전에 문제가 생겼습니다.

고유종이 많은 보르네오 섬에 사는 아시아코끼리, 수마트라코뿔소, 오랑우탄도 산불과 벌채 등으로 개체 수가 급격히 줄어들었습니다. 생물 다양성이 풍부한 곳에 닥친 위기는 생물 종 보전에 큰 문제를 일으킵니다.

사하라 사막 지대에는 키 작은 나무들이 뒤섞여 있는 사헬(Sahel)이라 불리는 초지대가 있습니다. 비가 계속 내리는 우기의 3~4개월 동안은 푸름을 유지하지만 건기에는 사막이 되지요. 인간이 식생을 과다하게 이용하고 오아시스를 남용하면서 이 사헬도 점차 사막화되고 있습니다. 난개발로 야생 생물의 서식 환경이 악화되면서 문제가 더욱 커지고 있답니다. 극지방은 지구 온난화로 인해 문제가 발생했습니다. 기후 변동에 관한 정부 간 패널(IPCC)에서는 북극의 영구 동토

층 온도가 1980년대 이후 3℃가 상승했다고 합니다. 겨울에 얼어붙는 토지 면적도 7%나 감소했지요. 영구 동토층이 녹으면서 북극곰, 북극땅다람쥐, 순록, 북극토끼는 위기를 맞고 있습니다.

생물 종 멸종은 바다에서도 발생하고 있습니다. 특히 고유한 생태계를 갖는 섬이 더욱 심각하지요. 오스트레일리아의 힌친브룩 섬에 발달한 산호초는 다양한 생물 종의 서식지가 되지만, 지구 온난화 영향으로 산호초가 감소하면서 수많은 생물들이 위기에 빠졌지요. 해안 사구와 갯벌이 멋진 에스파냐의 도냐나 국립 공원은 간척 사업으로 갯벌이 줄면서 물새가 위기에 처하게 되었습니다. 우리나라도 수많은 간척 사업으로 갯벌이 줄면서 철새가 찾아오지 않는 곳이 늘고 있답니다.

갯벌과 갯벌 생물

갯벌은 40억 년이라는 매우 긴 시간에 걸쳐 만들어졌습니다. 오랫동안 형성된 생물의 터전이 인간 활동에 의해 붕괴되고 있는 모습이 안타깝지요. 물새의 낙원이 사라지면서 생태계의 균형도 서서히 무너지고 있답니다.

우리나라 멸종 위기 동식물과 적색 목록

우리나라의 숲 면적은 국토의 64%로 숲의 비율이 높은 편입니다. 그러나 멸종 위기에 처한 생물 종은 해마다 늘고 있지요. 우리나라 숲을 호령했던 호랑이와 표범뿐 아니라 가까

운 곳에서 쉽게 볼 수 있었던 늑대와 여우까지도 멸종 위기에 놓이고 말았습니다. 우리나라의 야생 동물은 왜 멸종하게 된 걸까요?

＿ 사냥을 해서 그래요.

＿ 숲이 훼손되어 살 곳이 없어서예요.

우선 사냥 때문에 줄어들었습니다. 보신용으로 잡아먹거나 모피로 사용하려고 무분별하게 죽였거든요. 숲이 훼손되면서 야생 동물이 살 곳이 줄어든 것도 원인입니다. 도시와 산업 단지를 만들려고 숲을 파괴한 것이지요. 간척 사업으로 습지 면적이 줄면서 수달, 넓적부리도요, 금개구리, 꼬마잠자리, 귀이빨대칭이, 가시연꽃 등은 멸종 위기 야생 동물이 되었고 습지의 수많은 물새도 위협받고 있답니다.

국경을 넘어 이동하는 철새도 습지 파괴로 멸종 위기에 처하고 있습니다. 오스트레일리아와 뉴질랜드에서 날아와 극동 시베리아와 알래스카까지 1년간 약 3만km를 이동하는 큰뒷부리도요는 서해안 갯벌이 중간 기착지랍니다. 서해안 갯벌에서 먹이를 먹지 못하면 에너지가 부족해서 이동할 수가 없지요. 그런데 서해안 간척 사업이 진행되면서 먹이 부족으로 철새들이 삶을 위협받고 있답니다.

멸종 위기에 처한 동식물이 많아지자 위기의 정도에 따라 등급을 나누었습니다. 국제 자연 보호 연맹에서 만든 적색 목록은 멸종 위기 종을 '위급', '위기', '취약'의 세 단계로 나누어 분류합니다. 심각한 멸종 위기 종은 '위급'에 해당하지요. 적색 목록은 생물 다양성 감소를 알리는 데 중요한 역할을 하고 있답니다.

2009년에 발표된 적색 목록에 따르면 조사 대상 가운데 포유류의 5분의 1, 조류의 8분의 1, 양서류와 파충류의 3분의 1, 어류의 37%, 식물의 70%가 멸종 위기에 처했다고 합니다. 우리와 함께 관계 맺으며 살고 있는 수많은 생물 종이 멸종 위험에 처했다는 걸 알 수 있지요.

멸종 위기 종은 몇 가지 특징이 있습니다. 우선 서식 범위가 매우 좁거나, 넓은 영역이 필요한 생물입니다. 섬에 살거나 개체군 크기가 매우 적어서 생식 성공률이 떨어지는 생물은 멸종 위기에 처할 수 있습니다. 적응력과 생존력이 부족한 생물은 약간의 환경 변화에도 죽을 수 있기 때문에 연약한 생물 종을 우선적으로 보전해야 합니다.

생물 다양성이 높은 열대 지역의 가난한 국가는 생물 다양성을 지키기 어렵습니다. 빈곤한 국가의 국민들은 야생에서 자라는 동식물로 먹고 입는 걸 해결하니까요. 무엇보다 부패한 정부가 원시림의 대규모 벌목을 허가하면서 생물 다양성

이 급격히 감소하고 있답니다.

대량 멸종의 역사

오랜 역사를 갖는 지구에는 생물 다양성이 급격히 줄어든 시기가 여러 차례 있었습니다. 생물 종이 대량으로 멸종한 적이 5번 있었지요. 약 4억 4000만 년 전(종의 75%), 약 3억 7000만 년 전(70%), 약 2억 5000만 년 전(바다 생물 96%, 육지 생물 70%), 약 2억 1000만 년 전(과의 23%, 속의 48%), 약 7000만 년 전(75%)에 대량 절멸이 있었습니다.

대량 멸종으로 생물상이 극적으로 변하면서 생물계의 주인공이 바뀌었습니다. 약 2억 5000만 년 전 중생대 트라이아스기에 등장한 공룡은 습도가 높은 쥐라기 환경에 적응하며 번성했지요. 그러나 6550만 년 전 천재지변이 지구를 덮으면서 공룡은 자취를 감추고 말았어요. 운석 충돌로 엄청난 양의 가스와 먼지가 태양 빛을 가리면서 긴 밤이 찾아왔습니다. 고온 다습했던 기후가 춥게 바뀌면서 공룡은 적응하지 못하고 멸종하고 말았지요.

이처럼 지구의 역사를 보면 멸종과 출현이 반복되는 걸 알 수 있습니다. 지금까지 지구 상에 등장한 생물의 90%에 가까운 30억 종이 멸종되었지요. 약 1억 년에 6억 종, 1년에 6종의 생물 종이 자연적으로 멸종해 왔습니다. 그런데 현재는 1년에 150여 종의 생물이 사라지고 있어요. 자연 멸종률의 25배가 넘는 빠른 속도로 멸종되고 있다는 게 큰 문제랍니다.

생물 종의 멸종이 자연적인 회복력보다 빠르면 언젠가 모든 생물이 사라질 수밖에 없습니다. 오스트리아의 생물철학자인 프란츠 부케티츠는 『멸종, 사라진 것들』이라는 책에서 지구 온난화와 인간 활동에 의한 자연 파괴, 그에 따른 생물 종의 멸종을 지구 역사상 6번째 대멸종이라고 말합니다. 인구 폭증에 따른 환경 약탈과 파괴는 지구촌의 동식물을 급속히 소멸시키고 있습니다.

대부분의 과학자들은 현재 진행 중인 생물 종 멸종이 중생대 백악기 공룡의 소멸 속도보다 빠르다고 말합니다. 특히 지연 도태가 아니라 인간의 활동에 의해 갑자스럽게 많은 생물이 멸종한다는 데 큰 문제가 있지요. 과거의 대멸종은 소행성과의 충돌이나 화산 활동, 지구 환경 변화 등의 자연적 원인에 의해 발생한 것으로 추측됩니다. 그러나 현재 일어나고 있는 생물 종 멸종을 보면 앞으로 닥칠 6번째 대멸종은 인간에 의한 멸종이 될 거라고 예측됩니다. 자연 파괴와 화석

연료의 남용, 지구 온난화 등 인류가 원인을 제공하고 있다는 점이 기존에 있었던 멸종과 가장 큰 차이점이지요.

인간의 탐욕과 어리석음이 절멸을 가속화하고 있어요. 인류가 우주 연구에 몰두하고 있는 건 이 때문인지도 모릅니다. 대멸종의 징조는 환경 변화에 약한 생물 종에서 시작됩니다. 1990년대 후반부터 6000종에 가까운 양서류가 멸종 위기를 맞고 있습니다. 양서류는 오염에 가장 약한 생물이지요. 네덜란드의 국제 습지 보호 기구(WI)가 세계 100여 개 국가에서 조사한 결과 물새 900여 종 중 44%의 개체 수가 지난 5년 사이에 급격히 감소한 것으로 나타났습니다.

인류가 식용하는 곡물도 마찬가지입니다. 지난 100년 동안 전 세계에서 재배되던 곡물의 75%가 사라졌어요. 자연 감소보다는 인간의 인위적 종자 선택의 결과이지요. 국제 연합 식량 농업 기구(FAO)에 따르면 인류는 쌀, 밀, 옥수수, 단 세 종류의 곡물에 주식의 90% 이상을 의존하고 있답니다.

꿀벌 집단 실종 현상은 대멸종의 징조라고 말합니다. 꽃가루를 옮겨 주어 꽃가루받이에 큰 역할을 하는 꿀벌이 북아메리카 대륙 곳곳에서 무더기로 사라졌지요. 미국 50개 주 가운데 24개 주에서 발생했으며 몇몇 주에서는 전체 꿀벌 개체 수의 절반 이상이 사라졌어요. 미국뿐만 아니라 지구촌 전역에서 동시에 꿀벌이 사라졌습니다. 꽃가루를 옮겨 주어야 할 꿀벌이 줄면서 생태계의 균형이 기울고 있습니다.

대량 멸종을 막으려는 노력

생물이 환경에 적응하지 못하고 죽음을 맞는 걸 절멸이라 합니다. 환경이 바뀜에 따라 생물이 꾸준히 변화하여 새로운 종으로 진화되면 종 분화라 하지요. 생물 종이 환경 변화에 적응하는 과정에서 두 종으로 분리되면 생물 다양성은 증가합니다. 그러나 바뀐 환경에 적응하지 못하면 생물 다양성은 감소되지요. 생물과 환경의 상호 작용으로 절멸과 종 분화가 계속되면서 생물 다양성은 평형이 유지됩니다.

앞으로는 인류의 노력에 의해 사냥과 채취 활동에 의한 피해는 줄어들 것으로 예상됩니다. 그러나 인구 증가에 따른 서식지 파괴는 여전히 계속될 것입니다. 생물이 환경에 적응하지 못해서 절멸하는 건 극히 자연스러운 현상이지요. 그러나 생물이 절멸하는 속도가 종 분화보다 빠르면 생물 종이 급속히 줄어들게 됩니다.

보전생물학자들은 생물 종 하나하나부터 보호해야 된다고

주장합니다. 그러나 생물 종 자체보다 생물이 살고 있는 생태계를 보전하는 게 우선입니다. 생물이 갖고 있는 유전적 변이를 조사하여 유전자 다양성이 높은 개체 또는 개체군을 보전하는 것도 중요하지요. 인구 증가에 따른 최소한의 개발은 어쩔 수 없지만, 현재 상태에서 보전 가능한 것은 지켜야 한답니다.

생물 다양성의 중요성을 전혀 생각하지 못했던 산업 혁명 시절에는 포유류와 조류의 피해가 컸습니다. 특히 생물 다양성의 보고인 열대림이 파괴되면서 멸종 속도가 수천 배까지 빨라졌지요. 인간의 직접적인 사냥, 서식지 파괴, 외래종 도입에 의한 포식, 경쟁, 질병의 증가 등 다양한 요인에 의해 생물 종은 멸종되어 가고 있답니다.

최근 우리나라에 큰 피해를 준 구제역은 소와 돼지만의 문제가 아닙니다. 구제역이 토양 오염과 수질 오염으로 이어지면서 생태계 전반에 큰 피해를 주고 있거든요. 그로 인해 생태계의 다양한 생물과 인류에게까지 문제가 됩니다. 일본에서는 지진에 의한 쓰나미로 원전이 붕괴되면서 방사능이 누출되었지요. 인구 증가와 함께 더 많은 에너지를 얻으려는 인간의 욕심이 결국 생태계의 수많은 생물을 해치는 대재앙을 일으키고 말았답니다.

국립 자원 생물관에서는 생물 100종을 국가 기후 변화 생물 지표(CBIS)로 지정했습니다. 척추동물 18종, 무척추동물 28종, 식물 44종, 균류와 해조류 10종은 모두 한반도 고유종으로 기후 변화를 알리는 역할을 합니다. '후박나무'는 지난 60년 동안 전라북도 어청도에서 인천광역시 덕적 군도까지 북상했습니다. 연체동물 '오분자기'는 제주도 인근 해역에만 살다가 난류에 의해 최근에는 남해안까지 확산되었지요.

국가 기후 변화 생물 지표로 선정된 대표 생물을 통해 생물 다양성 분포 변화를 효과적으로 감시하고 예측할 수 있습니다. 지역별 생물 자원 및 생물 다양성의 기후 변화 적응 능력을 알 수 있으며 우리나라 토착 자생 생물 자원의 보전 및 관

과학자의 비밀노트

국가 기후 변화 생물 지표

- '구상나무'와 '설앵초' : 한반도 고유종으로 고산 지역에서만 생육
  - 기후 온난화가 지속될 경우 지구 상에서 멸종될 가능성이 있다.
- '만주송이풀', '북방아시아실잠자리', '어리대모꽃등에', '옥덩굴'
  - 한대성 생물로 서식 범위가 북쪽으로 이동하면서 멸종이 예상된다.
- '후박나무', '쇠백로', '검은큰따개비', '암끝검은표범나비', '멀꿀',
  '남방노랑나비' – 남방계 생물로 북쪽으로 이동하면서 서식지를 넓혀 가고 있는 대표 종이다.

리에 큰 도움이 될 거라 기대됩니다. 생물 다양성 감소의 심

각성을 인식한 사람들은 미리 대처해 절멸을 막고자 최선을

다해 노력하고 있답니다.

만화로 본문 읽기

환경 문제로 많은 동물들이 멸종의 위기에 있나 봐요?
생태계의 파괴로 많은 생물들이 멸종되고 이로 인해 생물 다양성이 감소되고 있습니다. 또한 생물 다양성 감소는 인류에게 위기감을 조성하고 있죠.

숲의 벌목과 경작지 증가, 광산 개발로 자연 환경이 훼손되었고, 하천은 댐으로 인한 수위 변화와 오염물로 생태계가 위기에 처해 있습니다. 또한 사막은 더욱 건조해지고, 극지방은 지구 온난화 문제로 많은 생물이 멸종 위기에 있습니다.
환경 오염
사막화
지구 온난화
생물 다양성 고갈

그럼 우리나라는 어떤가요?
우리나라도 마찬가지예요. 호랑이와 표범, 늑대와 여우뿐 아니라 습지에 살고 있는 생물과 철새들도 멸종 위기에 있습니다. 그래서 적색 목록을 도입하고 있죠.
옛날이 좋았어.
맞아요.

적색 목록이오?
멸종 위기의 동식물을 위기의 정도에 따라 등급을 나눈 것이죠. '위급', '위기', '취약'의 세 단계로 나누어 분류하여 생물 다양성 감소를 알리는 데 중요한 역할을 하고 있지요.
적색 목록 등급
위급
위기
취약

하지만 과거에도 멸종하는 동물은 있었잖아요.
생물이 환경에 적응하지 못하고 죽음을 맞는 걸 절멸이라 하는데, 물론 과거에도 자연에 의해 일어났습니다. 하지만 지금은 인간에 의해 훨씬 많은 생물들이 절멸의 위기에 놓이게 되었다는 것이 문제죠.
우리는 자연적으로 절멸했어.

그럼 어떻게 해야 할까요?
보전생물학자들은 생물 종 하나하나부터 보호해야 된다고 주장하지만 근본적으로 생태계를 보전하는 게 우선입니다. 물론 인구 증가에 따른 최소한의 개발은 어쩔 수 없어도 보전 가능한 것은 지켜야 되는 것이죠.

8

생물 다양성의 어제와 오늘

생물 다양성을 지키기 위한 다양한 협약에 대해 알아봅시다.

생물 다양성의 어제와 오늘

습지 보전 구역이 표시된 사진을 든
월슨이 여덟 번째 수업을 시작했다.

생물 종 보호를 위한 국가 협약

인구 증가와 환경 오염에 의해 생물 다양성이 줄어들고 있습니다. 생태계에 혼란이 찾아오자 인류는 생물 다양성 협약, 멸종 위기에 처한 야생 동식물 종의 국제 거래에 관한 협약 등의 국제 협약을 맺어 생물 종 보호를 위해 애쓰고 있습니다.

__ 생물 종 보호를 위한 법으로 어떤 협약이 있을까요?

__ 자연 환경 보전법과 습지 보전법이 있다고 들었어요.

 ＿잘 알고 있군요. 그 외에도 조수 보호 및 수렵에 관한 법률, 독도 등 도서 지역 생태계 보전에 관한 특별법을 제정하였습니다.

전 세계에는 약 200여 개의 국가가 있습니다. 그래서 한 국가만 애쓴다고 생물 다양성을 지켜 낼 수 없지요. 모든 국가가 함께 지켜 나가기 위해 국가 간에 약속이 필요합니다. 이렇게 국가 간에 협의된 약속을 협약(convention)이라고 부릅니다. 협약은 각자의 이익보다 공동의 이익을 위해 진행됩니다.

1950년 국제 조류 보호 협약이 체결되면서 멸종 위기 종 또는 생물 다양성 보존에 대한 국제적인 협의가 결실을 맺기 시작했지요. 그 후 1956년에 동남아시아-태평양 지역 식물 보호 협정, 1971년 물새 서식지로서 국제적으로 중요한 습지에 관한 협약인 람사르 협약이 발효되었습니다. 1972년에는 세계 문화 및 자연 유산 보호 협약(세계 유산 협약), 1973년 멸종 위기에 처한 야생 동식물의 국제 거래에 관한 협약(CITES), 1979년 이동성 야생 동물 보전에 관한 협약(CMS) 등 다양한 협약이 진행되었습니다.

여러 협약이 시행되던 중 생물 종 관리 및 보존에 있어서 가장 중심이 되는 중요한 협약이 검토되었습니다. 1988년 국제 연합 환경 계획(UNEP)은 생물 다양성 보전에 관한 전문가 회의를 개최하여 국제적인 생물 다양성 협약의 필요성을 검토했지요. 1989년 기술 및 법적 문제에 관한 전문가 회의에서 생물 다양성 보전과 지속적 이용을 위한 국제법적 수단을 준비하고, 1991년 정부 간 협상 위원회를 발족하여 1992년 5월 나이로비 회의에서 생물 다양성 협약을 채택했습니다.

생물 다양성 협약은 생물 다양성에 대한 국제 협약으로 가장 포괄적인 내용을 담고 있는 중요한 협약입니다. 1992년 리우 회의에서 한국을 포함한 156개국의 세계 지도자와 과학자들이 모여서 리우 선언을 발표했고 각국은 생물 다양성 협약에 서명했습니다. 그 후 생물 다양성 보전에 대한 관심이 증폭되었지요. 우리나라는 1994년 10월에 공식적으로 가입하였고, 2010년 기준으로 193개국이 가입되어 있답니다.

국제 연합(UN)은 생물 다양성 보존과 생물 자원의 지속 가능한 이용을 위해 생물 다양성 협약을 채택했습니다. 국제 연합은 세계 평화 유지와 인류 복지 향상을 목적으로 설립된 국제 기구이니까요. 국제 연합이 참여를 주도하는 걸 보면 생물 다양성 보존이 인류의 복지 향상과 세계 평화를 위해 얼마나 중요한지 알 수 있습니다.

국제 연합은 생물 다양성 협약(CBD; Convention on Biological Diversity) 외에도 기후 변화 협약(UNFCCC;

United Nations Framework Convention on Climate Change), 사막화 방지 협약(UNCCD; United Nations Convention to Combat Desertification)도 체결하여 인류의 복지 향상과 세계 평화를 위해 노력하고 있습니다. 생물 다양성 협약은 생물 다양성 보전의 필요성에 대한 인식을 범지구적으로 확대시키는 것이 목표입니다. 또한 개발 도상국의 생물 다양성에 대한 주권도 주장하고 있답니다.

다양한 환경 협약

생물 다양성 협약이 진가를 발휘하려면 다양한 환경 협약이 함께 준수되어야 합니다. 야생 동식물의 숫자가 나날이 줄어들자 1963년 세계 자연 보호 연맹 총회에서는 중요한 결의를 했습니다. 희귀하거나 위협받고 있는 생물 종과 생물 종으로 만들어진 물품의 수출입과 운송을 규제하는 사항이었지요. 10년 후인 1973년에는 워싱턴에서 '멸종 위기에 처한 야생 동식물의 국제 거래에 관한 협약'이 체결되어 1975년부터 효력을 발휘하고 있습니다.

이 협약은 가장 성공적인 야생 동식물 보호 협약으로 인정받고 있습니다. 경제적으로 거래되는 생물 자원을 보호할 수 있으니까요. 다른 협약에 비해 생물 자원을 지키려는 명료한 원칙이 있습니다. 협약에서는 절멸의 위험에 처한 종을 상업적으로 교역히는 것이 금지되어 있지요. 보호 대상인 야생 동식물의 교역을 허가 제도에 의해 통제하고 그 현황을 사무국이 집계해서 세밀하게 야생 동식물을 보호하고 있습니다. 우리나라는 1993년에 122번째로 체약국이 되었습니다.

1979년에 체결된 '이동성 야생 동물 보전에 관한 협약(CMS)'은 자연 환경 보전에 매우 중요한 협약입니다. 1983

년에 발효된 이 협약은 2008년 현재 주로 아프리카와 유럽, 남미 국가들을 중심으로 107개국이 가입하고 있습니다. 협약은 이동성 야생 동물과 이들의 서식지 보전 및 지속 가능한 이용을 위한 국가적 조치와 국제적 협력에 관한 규범적 골격을 형성하는 국제 환경 협약이지요. 특정 생태계의 보전을 대상으로 하는 범지구적 협약으로, 생물 특성상 보전을 위해 국가 간 협력이 필요한 이동성 야생 동물 보호에 초점을 맞추고 있습니다.

이동성 야생 동물 종 보전 협약은 생물 다양성 협약에서 제공하지 못하는 실질적이고 세부적인 보전 방안을 제시하고 있습니다. 또한 야생 동식물의 국제 거래에 관한 협약이 포함하지 못하는 생물 종(조류, 상어류, 바다거북 등 71가지 이동성 생물)의 보전 활동을 담고 있습니다. 그리고 이동성 생물 종의 서식지 보호 및 살상 행위와 국내 거래에 대한 부분을 보완하고 있습니다. 람사르 협약에 포함되지 않은 이동성 동물 및 이들의 서식지 보호, 이동성 생물 종의 이동 경로 보전 등의 역할도 수행하고 있답니다.

1971년에는 물새 서식지로서 국제적으로 중요한 습지에 관한 람사르 협약이 체결되었습니다. 멸종 위기에 처한 야생 동식물의 국제 거래에 관한 협약과 이동성 야생 동물 보전에 관한 협약보다 먼저 체결된 협약이지요. 1960년대에 국제 물새 연구 기구 주관으로 습지 파괴를 막기 위한 국제 회의가 여러 차례 열렸습니다. 이란의 람사르에서 '물새 서식지로서 국제적으로 중요한 습지에 관한 협약'이 체결되었고 1975년부터 효력을 발휘하고 있습니다.

이 협약은 습지의 상실을 막는 것을 원칙으로 합니다. 습지는 생물 다양성의 보고이니까요. 협약에 가입한 국가는 스스로의 판단에 의해 국제적으로 중요하다고 판단되는 습지 최소한 한 개 지역을 협약 가입 시 지정하게 되어 있습니다. 1990년에 개발 도상국의 습지 보호를 후원하기 위해 습지 보전 기금이 조성된 이후 활동이 더욱 활발해지고 있답니다. 우리나라는 1997년에 이 협약에 가입했고, 2008년에는 10차 람사르 총회를 개최했답니다.

생물 다양성 협약

1992년 6월 브라질 리우데자네이루에서 열린 유엔 환경 개발 회의(UNCED)에서는 동식물 및 천연 자원 보존에 관한 협약이 체결되었지요. 리우 회의에서 158개국의 대표가 서명

하고, 1993년 12월 29일부터 발효되었으며, 우리나라는 154번째 회원국이 되었지요.

생물 다양성 협약은 전문과 42개 조항, 2개 부속서로 구성되어 있으며 각 국가별 지침을 별도로 마련해서 생물 자원의 주체적 이용을 제한하고 있습니다. 생물 다양성을 지킬 때 인류는 안전한 식량과 의약품 그리고 좋은 환경을 얻을 수 있습니다. 생물 자원의 보전, 생물 자원의 지속 가능한 이용, 생물 자원의 이용에 따른 이익의 공평한 배분이 생물 다양성 협약의 목표입니다.

협약에는 생물 다양성 보전 의무와 생물 다양성 보전을 위한 가입국 간 협력 부분이 있습니다. 국내적 의무로는 생물 다양성 보전과 지속 가능한 이용을 위한 국가 전략의 수립, 생물 다양성 구성 요소 조사 및 감시, 보호 지역의 설정 등 현지 내 보전 조치, 종자 은행 설립 등 현지 외 보전 조치의 시행, 생물 다양성 보전을 고려한 환경 영향 평가 수행 등 여러 사항을 포함합니다.

가입국 간 협력 사항으로는 타국 보유 유전자원 접근 시 해당국의 사전 승인을 받도록 하는 제도(PIC; Prior Informed Consent) 도입이 있습니다. 생명 공학 기술 등 생물 다양성 보전 기술의 타 가입국에의 이전 촉진, 유전자 변형 생물의

안전한 국가 간 이동 및 관리를 위한 의정서 채택, 개발 도상
국의 협약 이행을 위한 재정 지원 조항이 있습니다. 이 협약
은 기술 선진국이 아닌 브라질, 인도, 말레이시아 등 생물 자
원이 풍부한 개발 도상국이 중심이 됩니다.

생물 종이 급격히 줄어들자 다양한 협약 외에 보호 지역 지
정도 많이 이루어지고 있습니다. 보호 지역은 생물 다양성을
보존하는 가장 효과적인 방법이니까요. 숲, 산, 습지, 초원,
사막, 호수, 강, 산호초, 해양 등 다양한 곳이 보호 지역으로
지정되고 있습니다. 보호 지역에서는 생물 다양성 보전뿐 아
니라 휴양과 관광, 임업과 사냥, 낚시도 가능하며 과학 연구
와 환경 교육에 이용할 수도 있습니다. 이처럼 지역 공동체
의 생계와 경제 활동에 도움이 됨으로써 지역 사회의 빈곤을
줄이고 세계 평화에도 이바지합니다. 약 11억 명의 사람들이
산림 보호 지역에 생계를 의존하며 살아가고 있으니까요.

1980년대에는 생물 다양성에 위협을 받고 있는 '생물 다양
성 핵심 지역'이 지정되었습니다. 관심을 많이 기울여야 한
다고 해서 '뜨거운 지점(hot spot)'이라 불리지요. 핵심 지역
은 생물 다양성 집중 지역, 생물 다양성 중점 지역, 생물 다
양성 위험 지역 등으로 불리기도 합니다. 1988년에 노먼 마
이어스(Norman Myers, 1934~)가 식물 고유종이 두드러지

게 많고 서식지 손실이 심각한 열대 우림 지역 10곳을 최초로 지정했지요. 그 후 재평가와 논의를 거쳐 2000년에는 25곳, 2010년에는 34곳이 지정되었습니다.

생물 다양성 핵심 지역은 아메리카에 9곳, 아프리카에 8곳, 아시아-태평양 지역에 13곳, 유럽에 4곳 등이 지정되었습니다. 전 세계 면적의 약 16%를 차지할 정도로 넓으며, 육지 척추동물 고유종의 약 42%, 식물 고유종의 약 50%가 서식하는 지구촌 생물 다양성의 보고랍니다.

생물 다양성 핵심 지역은 자연을 손상시키지 않음으로써 인류에 의한 생물 종의 소멸을 막는 데 목적이 있습니다. 특히 가장 위협받는 지역을 우선적으로 보존하여 최대의 효과를 누리려는 것이지요. 전체 면적, 남아 있는 식생 가능 면적, 고유 식물 종의 분석, 남아 있는 서식지 면적, 고유 척추동물 종, 고유 속과 과, 멸종 위기 종과 멸종된 종, 지역 내 인구 밀도 등을 주요 조사 내용으로 하여 관리하고 있답니다.

생물 다양성을 수호하는 보호 구역

생물 다양성 핵심 지역 외에도 생물 다양성 보존을 위해 보호 지역으로 지정된 곳도 많습니다. 람사르 습지, 세계 유산, 생물권 보전 지역도 생물 다양성 보전을 위해 지정한 곳이지요. 전 세계에 약 10만 8000여 곳의 보호 지역이 지정되어 있답니다. 2010년 말에 세계적으로 1896곳이 람사르 습지로 등록되었어요. 우리나라는 대암산 용늪, 우포늪, 고창, 부안 갯벌까지 14곳이 등록되어 있습니다.

람사르 습지에 지정되려면 조건이 있습니다. 첫째는 지역의 생물지리학적 특성을 잘 나타내고 있는 자연에 가까운 상태의 습지이면서 주요 하천이나 유역으로, 수문학, 생물학, 생태학적으로 중요한 역할을 하는 곳이어야 합니다. 둘째는 멸종 위험에 처한 희귀종이 서식하는 습지로 유전적, 생태적 다양성을 지닌 곳이어야 합니다. 마지막으로 2만 마리 이상의 물새가 정기적으로 서식하는 습지로, 물새의 종 또는 아종 중 전 세계 개체 수의 1% 이상이 정기적으로 서식하는 특별한 곳이어야 합니다.

습지는 생물 서식지로서의 생물 다양성 유지뿐 아니라 홍수 조절, 해안선의 안정화, 폭풍 방지, 영양분과 먹이 공급, 기후 조절, 수질 정화, 어패류 및 땔감과 사료 생산, 관광지, 문화적 가치 등의 다양한 기능을 하는 매우 소중한 공간입니다. 습지가 없이는 인류의 행복한 삶도 보장받을 수 없답니다.

전 세계가 인정하는 보호 구역으로는 생물권 보전 지역과 세계 유산이 있습니다. 유네스코가 지정하는 생물권 보전 지역은 생물 다양성 및 생물 자원 보전이라는 측면과 지속 가능한 이용을 조화시키기 위해 마련되었지요. 생물권 보전 지역은 보전, 발전, 지원의 세 가지 기능을 충족시켜야 합니다.

보전이란 보호가 필요한 유전자원, 종, 생태계, 경관을 보호하고 유지하는 걸 말합니다. 발전이란 지속 가능한 경제 발전과 인간 발전을 촉진하는 것입니다. 지원이란 시범 사업, 환경 교육과 훈련, 연구와 모니터링 등을 통해 앞의 두 가지 기능이 용이하게 수행되도록 돕는 걸 말합니다.

유네스코 생물권 보전 지역은 핵심 지역, 완충 지대, 전이 지대로 이루어져 있습니다. 핵심 지역은 생물 다양성 보전을 위해 엄격히 보호되는 지역입니다. 완충 지대는 핵심 지역을 둘러싸거나 인접한 지역으로 사람들의 협력 활동이 일어나는 곳이며, 환경 교육, 휴양, 생태 관광, 연구 등이 권장됩니다. 전이 지역은 지역 주민이 참여하여 보호 지역을 관리하고 생물 다양성을 보호하며 지속 가능한 이용을 추구하도록 지원하는 장소를 말합니다. 다양한 농업 활동, 주거 지역, 다양한 단체가 일하고 있는 곳이지요.

우리나라에 지정된 생물권 보전 지역은 네 곳이 있습니다.

1982년에 지정된 설악산은 국립 공원 경계와 거의 일치하는 곳으로 보전과 연구가 이루어지고 있습니다. 2002년에 지정된 제주도는 생물 다양성이 풍부한 한라산과 서귀포 해양 공원을 포함하고 있습니다. 해녀 등 제주도만의 문화적 요소도 많아서 활용 잠재력이 높지요. 2009년에 지정된 신안 다도해는 다도해 국립 공원 일부와 염전, 갯벌로 이루어져 있으며, 철새 이동 통로로 매우 중요하답니다. 친환경적으로 자연을 이용하는 천일염 생산과 맨손 어업 방식도 중요합니다.

가장 최근에 지정된 광릉 숲은 세조 능인 광릉과 소리봉, 죽엽산 일대로서, 500년 이상 보존된 낙엽활엽수림이 생태계의 천이를 보여 주지요. 사람들이 거주하는 전이 지역에서는 우수한 자연 환경의 혜택을 지역에 사는 주민들이 누릴 수 있는 방안이 모색되고 있답니다.

생물권 보전 지역은 생물 다양성 보전뿐 아니라 지역 주민들의 삶과의 조화를 추구함으로써 지속 가능한 발전을 도모합니다. 비무장 지대(DMZ)를 비롯한 우수한 생태계는 지속적으로 활용할 수 있도록 생물권 보전 지역으로 추진하는 것을 검토하고 있습니다.

세계 유산 지정은 인류 공동의 유산을 세계적으로 보호하고 후손에게 물려주기 위해 시작되었지요. 제주 화산섬과 용

다양한 생물 종이 보전되고 있는 비무장 지대

암 동굴이 세계 자연 유산에 등재된 뒤 제주도 화산의 지질학적 가치가 널리 알려지고 있습니다. 그로 인해 지역 주민들의 자부심도 높아지고 있지요.

우리나라의 보호 지역은 전 국토의 11.2%를 차지합니다. 대표적인 보호 지역은 국립 공원입니다. 1990년대까지는 개발과 보전에 많은 혼란이 있었지만, 현재는 지역 주민의 참여와 협력을 통해 건전한 이용을 함께 고민하고 있습니다. 보호 지역 지정은 생물 다양성을 지켜 나가기 위한 노력의 결과이지요.

우리나라의 보호 지역 지정

우리나라에서는 경관이 우수하고 생물 다양성이 풍부한 지역 등을 보전하려고 보호 지역을 지정하고 있다. 2009년을 기준으로 생태 경관 보전 지역 30개소, 습지 보호 지역 20개소, 특정 도서 독도 등 도서 지역 158개소, 야생 동식물 특별 보호 구역 1개소, 야생 동식물 보호 구역 507개소, 자연 공원 76개소 등이 보호 지역으로 지정되어 관리되고 있다. 그 외에도 천연기념물 보호 구역 149개소, 명승지(문화재청) 51개소, 산림 유전자원 보호림(산림청) 286개소, 백두대간 보호 지역 1개소, 환경 보전 해역 4개소, 해양 보호 구역 4개소 등 각각의 보호 가치 및 지정 목적에 따라 주관 부처에서 보호 지역을 지정, 관리하고 있다. 환경 정책 기본법과 자연 환경 보전법이 근본적인 정책이 되고 있다.

만화로 본문 읽기

여기 부안 갯벌은 람사르 습지로 지정되어 생태계를 보호받고 있지요.
람사르 습지요?

사람들이 생물 다양성의 중요성을 깨닫고 여러 가지 국제 협약을 통해 멸종 위기에 처한 야생 동식물을 보호하기 위해 애쓰고 있어요. 그중 람사르 협약은 세계 곳곳의 습지를 보호하고 있지요.
와, 그건 참 다행이네요.
생태계 보존을 위한 협정
식물 보호 협정
• 람사르 협약
• 세계 문화 및 자연 유산 보호 협약
• 멸종 위기의 야생 동식물의 국제 거래 협약
• 이동성 야생 동물 보전에 관한 협약 등

그중에서도 1992년 6월 유엔 환경 개발 회의에서 나온 동식물 및 천연 자원 보존에 관한 협약은 생물 다양성 보전 의무와 생물 다양성 보전을 위한 가입국 간 협력 부분을 내용으로 담고 있습니다.
동식물 및 천연 자원 보존에 관한 협약
UN

생물 다양성 보존을 위해 보호 지역으로 지정하는 곳도 많습니다. 람사르 습지, 세계 유산, 생물권 보전 지역 등이 그것이지요.
우리나라에도 있나요?
람사르 습지
세계 유산
생물권 보전 지역

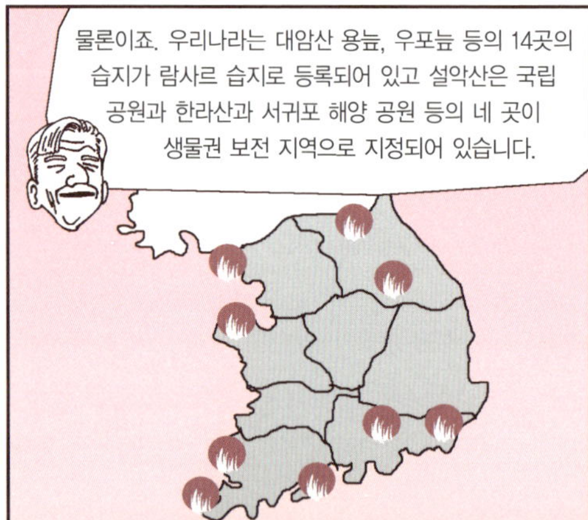
물론이죠. 우리나라는 대암산 용늪, 우포늪 등의 14곳의 습지가 람사르 습지로 등록되어 있고 설악산은 국립 공원과 한라산과 서귀포 해양 공원 등의 네 곳이 생물권 보전 지역으로 지정되어 있습니다.

우리나라의 보호 지역은 전 국토의 11.2%나 돼요. 과거엔 개발과 보전에 많은 혼란이 있었지만 현재는 지역 주민의 참여와 협력을 통해 생물 다양성 보호를 위해 고민하고 있답니다.
저도 같이 고민해 봐야겠네요.

9

생물 다양성과 인간

생물 다양성이 인류에게 얼마나 소중한지 알아봅시다.

생물 다양성과 인간

교.	초등 슬기로운 생활 1-1	5. 자연과 함께해요
과.	초등 슬기로운 생활 2-1	7. 동물과 식물은 내 친구
연.	초등 과학 6-1	4. 생태계와 환경
계.	중등 과학 1	4. 생물의 구성과 다양성

인류에게 생물 다양성이 얼마나 소중한지
알아보자며 마지막 수업을 시작했다.

생물 다양성을 지키려는 노력

생물 다양성을 지키는 건 너무나 소중한 일입니다. 우리는 소중한 것을 지킬 때 보전이나 보존이라는 말을 사용합니다. 여러분은 보전과 보존의 차이점을 알고 있나요?

＿ 선생님, 똑같은 거 아닌가요?

보전과 보존은 비슷한 의미를 포함하고 있지만 자세히 살펴보면 다르답니다. 소중한 문화재 남대문이 불에 탄 일이 있었어요. 흰개미 때문에 문화재가 피해를 입기도 했지요.

이처럼 귀중한 것을 지켜 내지 못한 것은 보존의 실패랍니다. 보존은 가치 있는 것이 그대로 존재하도록 유지하는 걸 말합니다.

그에 비해 보전은 가치 있는 것을 지속적으로 지켜 나가는 걸 말합니다. 소중한 것을 보존할 때 비로소 보전이 이루어진답니다. 현재의 소중한 자연을 보존할 때 우리의 미래까지 자연이 지속적으로 보전될 수 있는 겁니다.

소중한 생물 자원을 보전하고 관리하기 위해 환경부에서는 자연 환경 보전법, 야생 동식물 보호법을, 농림 수산 식품부에서는 종자 산업법 등을 시행하고 있습니다. 2009년~2013년까지 5년간 추진할 생물 다양성 보전 대책을 종합적으로 수립하여 시행하고 있지요. 5대 추진 전략은 생물 다양성 구성 요소 보호, 생물 다양성에 대한 위협에의 대처, 생물 다양성의 지속 가능한 이용, 전통 지식 보호 및 유전자원 이익 공유, 재정적·인적·기술적 지원 등 국제 협력 및 평가입니다.

보전 대책 분야로는 주요 생태계 및 보호 지역 보전, 멸종 위기 종 분포 조사 및 유전자 다양성 보전이 있습니다. 침입성 외래종 조사 및 관리, 유전자 변형 생물체 관리, 기후 변화 대응 체계도 구축하여 지속적으로 생물 다양성을 보전하기 위해 노력하고 있습니다.

1960년 산업화 이후 인구 증가와 도시화로 주택, 공장, 공공 시설, 휴양지 설치가 늘면서 녹지 면적이 급감했습니다. 갯벌, 철새 도래지는 개발 중심적인 토지 이용으로 인해 서식 공간이 축소되고 훼손됨으로써 생태계 단절이 이루어졌으며, 향후에도 이런 현상이 계속 이어질 것으로 전망되고 있어서 문제랍니다. 그래서 생물 다양성 보전을 위해 전 세계적으로 협약이 체결되고 보호 지역 활동이 이루어지고 있습니다.

생물 다양성이 높으면 생태계 안정성이 높아져서 지속 가능한 발전이 가능해집니다. 동일한 넓이의 서식지라고 할지라도 균일한 종이 사는 곳보다 여러 생물이 사는 곳이 높은 생물 다양성을 나타내지요. 도시 하천이 자연 하천보다 생물 다양성이 떨어지는 건 수질이 나빠서가 아니라 서식지의 물리적 환경이 다양하지 못하기 때문입니다.

생물 다양성 보전을 위해 국가 차원에서도 여러모로 노력하지만 개인이 해야 할 일도 많습니다.

＿ 이를 위해 우리는 어떤 자세가 필요할까요?

＿ 생물 다양성의 가치를 알고 이를 보전하려는 마음가짐을 갖는 것이 제일 먼저 필요한 것 같아요.

생물 다양성 보전을 위해 최선을 다하고 있지만 아직도 갈

생물 다양성 보전 법규	자연 환경보전법, 야생 동식물보호법, 종자산업법 등
5대 추진 전략	생물 다양성 구성 요소 보호, 생물 다양성에 대한 위협에 대처, 생물 다양성의 지속 가능한 이용, 전통 지식 보호 및 유전자원 이익 공유, 재정적, 인적, 기술적 지원 등 국제 협력 및 평가
보전 대책	생태계 및 보호 지역 보전, 멸종 위기종 분포 조사, 유전자 다양성 보전 침입성 외래종 조사 및 관리, 유전자 변형 생물체 관리, 기후 변화 대응 체계도 구축

생물 다양성 보전 방법

길이 멉니다. 생물 다양성 보전에 관한 선진국의 다양한 노력을 배워서 우리나라의 소중한 생물 자원을 보전해야 합니다.

생물 다양성을 보전해야 하는 까닭

인류는 20세기 후반이 되어서야 생물 다양성 지속에 문제가 생겼다는 걸 깨달았습니다. 생물 자원을 함부로 다루면서 생물 다양성이 급격히 감소했거든요. 생물 종 감소의 주된 원인은 자연 자원을 무절제하게 사용함으로써 기후 변화 등의 문제를 일으킨 인간에게 있습니다. 인구가 증가하고 산업화와 도시화에 따른 자연 파괴와 환경 오염이 광범위하게 진행되면서 인류도 생존에 위기를 느끼게 되었답니다.

생물 다양성 문제가 갑자기 우리의 관심 대상이 된 건 왜일까요? 그건 쾌적한 환경을 보장받기 위해서가 아니라 인류의 생존과 밀접하게 관련되는 문제이기 때문입니다. 생물 다양성을 보존해야 되는 이유는 크게 세 가지로 구분됩니다.

첫째는 모든 생물 자원이 잠재적인 가치를 지니고 있기 때문입니다. 그래서 이떤 종도 소홀히게 여기면 안 되지요. 더욱이 생물 자원은 인류에게 필요한 식량, 의약품, 공산품의 원료가 되고 있습니다. 인류가 식량으로 이용하고 있는 식물 종은 쌀, 밀, 옥수수 등 약 3000종 이상입니다.

생명 과학의 발달로 쓸모없게 여겨졌던 식물 종이 소중한 자원으로 주목받게 될지도 모릅니다. 의약품이나 공산품의

원료로 사용될 수도 있으니까요. 그러다 보니 모든 생물 종에 대해 관심을 기울이게 되고 생물 종에 관한 인식도 바뀌게 되었지요.

둘째는 생물 다양성이 인류의 생활 환경을 보전해 주기 때문입니다. 자연계의 물질 순환에서 생물 종은 매우 중요한 역할을 합니다. 다양한 생물 종이 매개체가 되어 대기, 수질, 토양의 보전에 기여하고 있지요. 그럼으로써 쾌적한 환경이 유지될 수 있습니다. 녹색 식물이 산소를 필요로 하는 생물이 숨 쉬며 살 수 있도록 해 주는 것도 그 예이지요.

열대 밀림의 거대한 숲에 사는 녹색 식물은 지구의 공기를 맑게 해 주는 절대적인 역할을 합니다. 그러나 최근 '지구의 허파'라 불리는 열대림이 매년 7만 6000km^{2}씩 감소하고 있습니다. 해마다 우리나라 국토 면적의 3분의 1만큼씩 사라지고 있지요. 앞으로도 지속적으로 숲이 파괴된다면 지구촌의 생물은 제대로 숨 쉴 수 없게 될 겁니다.

녹색 식물을 마구 훼손하면 결국 공기 중의 이산화탄소와 산소의 균형이 깨집니다. 이산화탄소가 매년 0.4%씩 증가하면서 온실 효과가 발생하여 지구 온난화 현상이 가속화되고 있습니다. 기온이 오르면서 환경의 균형이 깨지고 지구 생물들은 성장과 생존에 큰 위협을 받게 되었지요.

마지막으로, 생물 다양성은 고유하며 복제가 불가능합니다. 생물 종은 한 지역의 특수한 환경 요인에 의해 만들어지지요. 우리나라의 생물상과 똑같은 곳은 지구 상에서 찾아볼 수 없습니다. 고유한 생태계가 파괴되면 지구 상에서 똑같은 공간은 영영 다시 볼 수 없게 되지요.

자원 부국 M7

인류는 미래의 생존과 번영을 위해 생물 다양성을 지키려고 최선을 다하고 있습니다. 생물 종은 미래의 훌륭한 자원이 될 수 있으니까요. 그런데 생물 종이 생물 자원으로 무한한 가치를 지닌다는 사실을 먼저 알게 된 건 세계적으로 부유한 G7 국가입니다. 미국, 독일, 영국, 이탈리아, 일본, 캐나다, 프랑스가 속하는 G7 국가는 세계적으로 막강한 영향력을 발휘하는 국가들이지요.

그러나 G7 국가는 생물 자원이 풍부하지는 못합니다. 그래서 생물 다양성이 풍부한 M7(Megadiversity 7) 국가에 연구소를 차려 공동 연구를 진행하고 있습니다. 특히 종 다양성이 높은 열대 우림 지역에 연구소를 차리고 투자를 하고 있지

요. 물론 G7 국가는 국내의 생물 종을 열심히 연구하고 있습니다. 이름 없는 동식물에게서 암이나 불치병의 치료제를 발견하게 되면 경제적으로 큰 이득을 볼 수 있으니까요.

반면에 풍요로운 생물 자원을 지닌 M7 국가들은 대체로 부유하지 못합니다. 브라질, 멕시코, 마다가스카르 공화국, 콜롬비아, 콩고, 호주, 인도네시아는 세계 생물 자원의 54%를 차지하고 있습니다. G7 국가가 전 세계 부의 54%를 차지하고 있는 것과 비교되지요. 오래전부터 생물 자원의 중요성을 인식한 선진국들은 생물 종을 분석, 연구하여 신약과 신품종 개발을 주도하고 있습니다. 생물 자원은 미래의 국가 경쟁력이며 인류에게 쾌적한 환경을 보장하는 매우 소중한 자산입니다.

특히 생물 자원은 식량 문제를 해결하는 희망입니다. 우리가 먹고 사는 쌀, 밀, 옥수수 같은 농작물은 단일 품종이 많지요. 1960년대에 줄무늬녹병이 발생하면서 밀 생산에 위기가 닥쳤습니다. 이때 학자들은 터키산 야생 밀에서 추출한 유전 물질로 병을 이겨 냈지요. 미국 아이다호 주 애버딘에 있는 미국 농업 연구 서비스 국립 소립자 곡물 컬렉션이 4만 3000종의 야생 곡물 표본을 보관하는 이유도 짐작이 갑니다.

생물 자원을 보전하고 유전자를 해독하는 능력은 국가의

G7 국가와 생물 자원 부국 M7 국가

경쟁력이 됩니다. 우리나라는 이제 막 발걸음을 내딛은 초보 국가이지요. 앞으로 생물 자원을 효과적으로 이용하여 인류가 행복해지도록 노력해야 됩니다. 생물 자원을 많이 보유한 국가일수록 한 발짝 앞서 나갈 수 있습니다. 과학 분야에서 경쟁력을 갖추는 것뿐만 아니라 경제적인 측면에서도 매우 유리합니다. 매년 생물 자원으로부터 얻는 경제적 가치가 전 세계 GDP의 5%에 해당하는 약 2조 9280억 원이나 됩니다.

멸종 위기 종 복원 프로그램

생물 자원의 중요성을 인식한 세계 여러 국가는 멸종된 종

을 복원하려고 노력하고 있습니다. 미국에서는 어류 야생 동물 관리국과 해양 어류청에서 멸종 위기 동물을 보전 연구하고 있지요. 트럼펫고니는 1900년대 초에 73개체에서 2000년 중반 1만 개체로 회복되었으며, 들소는 1000개체에서 7만 5000개체 이상으로 회복되었습니다. 해달, 야생칠면조, 엘크, 아메리카흑곰, 검은발담비, 물수리, 흰머리독수리, 갈색 펠리칸, 북방점박이올빼미, 캘리포니아콘도르, 캐나다기러기, 미국흰두루미, 매, 회색늑대 등은 성공적으로 복원되었습니다.

영국은 지난 10년 동안 멸종 위기에 처한 종이 약 2배로 증가했습니다. 그래서 아도니스청나비, 박쥐, 무당벌레거미 복원 프로젝트를 시행하고 있지요. 에스파냐는 불곰에 대한 복원 사업을 진행하고 있으며, 프랑스도 불곰의 복원을 위해 노력하고 있습니다. 유럽 연합은 주로 식물종의 서식지 보전을 통한 현지 복원을 추진하고 있답니다.

아시아 지역에서는 중국, 일본, 타이완, 인도네시아 등에서 복원 사업이 활발하게 시행되고 있습니다. 중국은 따오기 복원에 힘을 쏟고 있으며 흑룡강성의 동북호림원을 중심으로 호랑이 복원도 시행하고 있습니다. 1980년부터 1995년까지 실시한 판다 곰 복원 사업으로 멸종 위기의 판다 곰을 1200마리까지 늘리는 데 성공했습니다. 일본은 산양, 흰기러기, 알바트로스에 대해 적극적으로 복원 사업을 벌이고 있으며, 황새 복원 사업을 통해 자연에 방사하는 성과도 이루었습니다.

우리나라는 반달가슴곰, 산양, 늑대, 여우, 황새 등의 복원 사업을 진행하고 있습니다. 반달가슴곰은 지리산, 산양은 월악산, 여우는 소백산의 가장 적합한 곳에서 복원하려고 애쓰고 있습니다.

다양한 복원 프로그램이 세계 곳곳에서 이루어지고 있지만 멸종 위기 종을 복원하는 건 매우 힘듭니다. 우선 멸종 위기 종 복원에서 중요한 프로그램 개발과 연구 수행에 요구되는 전문 인력이 부족합니다. 복원 프로그램 개발에 참여할 수 있는 대학과 연구소의 생태 및 분류 전문가도 부족하지요. 전문가가 충분치 못한 우리나라에서는 복원 및 보전 생물학 전문 인력을 배출하기 위한 인재 양성이 무엇보다 중요합니다.

다행히 생물 다양성에 관한 정보화는 꾸준히 추진되고 있습니다. 국립 생물 자원관, 국립 환경 과학원, 농림 수산 식품부, 국토 해양부 등에서 생물 다양성 정보화 사업을 수행하고 있습니다. 다만 같은 생물 종에 대한 중복 관리가 문제가 되는 만큼, 생물 자원을 효율적으로 관리하기 위해서 생물 다양성 정보의 재정리가 필요합니다.

소중한 생물 자원을 지키려면 토종 식물도 중요합니다. 토종 식물은 우리나라의 환경에 오랫동안 적응하면서 토착화된 자생 식물입니다. 토종 생물을 보존하면 우리나라 환경에 적응 능력이 뛰어난 우수한 형질의 유전자원을 보존할 수 있습니다. 토종 품종을 보존해서 새로운 신품종을 개발하거나 신물질을 개발하는 데 원료로 사용할 수도 있습니다.

우리나라 자생 식물 4000종의 가치는 1조 2000억 원이나 되며 의약품으로 개발된다면 450만 배의 부가 가치가 생깁니다. 무엇보다 중요한 건 토종 생물이 많이 살면 그 지역의 생물 다양성이 보존되기 때문에 생태계를 보호하는 데 큰 도움이 됩니다. 환경 적응력이 강한 토종 자원은 파괴된 생태계

자생 식물을 방해하여 환경을 파괴하는 귀화 식물인 개망초와 토끼풀

를 복원하는 데에도 도움이 된답니다.

자생 식물은 외국에서 들어온 외래 식물과 외래 식물이 정착한 귀화 식물과는 다르지요. 사계절이 뚜렷한 우리나라 기후에 적응해 지금까지 살아온 우리나라 자생 식물은, 관상용, 식용, 약용, 공업용 등으로 활용되고 있으며 활용하기 좋게 품종을 개량하는 데에도 사용됩니다. 그런데 이 자생 식물이 가시박, 돼지풀, 개망초, 토끼풀 등의 귀화 식물이 번성하면서 위기를 맞고 있습니다. 마을 주민들이 산나물이나 과일 등을 따러 가서 밟기도 하고 정부 기관에서 숲 가꾸기 사업을 할 때 마구잡이로 파괴되기도 하지요.

생물 다양성의 해 2010

인간은 다양한 생태계로부터 다양한 생태계 서비스를 제공받고 있습니다. 숲, 습지, 초지, 사막, 강, 해양, 농경지 등의 다양한 생태계는 인간의 삶에 필수적인 요소이지요. 생물 다양성이 높을수록 외부의 위협에서도 회복되기 쉽습니다. 그러나 서식지의 파괴, 기후 변화, 외래종 침입, 남획과 오염 등으로 생물 다양성이 급격히 손실되고 있어요. 생물 다양성

의 중요성을 올바로 알지 못하기 때문입니다.

생물 다양성은 우리의 생명과도 같습니다. 그래서 생물 다양성 보존을 위해 '생물 종 다양성 보존의 날(International Day for Biological Diversity)'을 지정했습니다. 국제 연합 환경 계획(UNEP)에서는 각국이 '생물 종 다양성 보존의 날'인 5월 22일에 기념 행사 등을 치르도록 하고 있습니다. 국제 연합에서는 2006년 제61차 총회에서 생물 다양성의 지속적인 손실과 이로 인한 사회, 경제, 환경, 문화적 영향에 우려를 표하면서 2010년을 '세계 생물 다양성의 해(International Year of Biodiversity)'로 선포했습니다.

인간은 자연의 풍부한 다양성 중 한 부분이며, 자연을 보호하거나 파괴할 수 있는 힘을 지니고 있습니다. 인간이 의존하며 살아가는 건강, 재산, 음식, 연료, 필수적인 서비스는 모두 생물 다양성이 제공해 주지요. 그러나 최근에는 인간 활동으로 생물 종의 손실이 빨라지고 있습니다. 생물 다양성 보호를 위해 모두 노력하고 있지만 지금보다 더 많은 노력과 실천이 필요합니다.

'2010 생물 다양성의 해' 로고의 주요 개념은 발견과 깨달음입니다. 우리는 생물 다양성이 곧 생명임을 발견하고 인간은 이 생명의 한 부분임을 깨닫지요. 생물 다양성은 생태계를 지속적으로 유지하는 데 꼭 필요합니다. 생물 다양성은 우리의 삶이니까요.

2010 생물 다양성의 해 기념 사업을 범국가적으로 추진하려고 정부 부처, 기관, 학회, 단체, 국제 기구 등의 대표로 구성된 한국 조직 위원회가 출범했습니다. 이는 생물 다양성 관련 각급 학교 및 과학관을 통해 과학 교육을 지원하고 교육의 질적 수준을 개선해서 생물 다양성의 필요성을 널리 알리는 계기가 되었지요. 생물 다양성 보전 및 연구 관련 국내 협력 네트워크를 활성화해서 생물 다양성 보전을 위한 국제 활동에도 참여하고 있습니다.

생명체가 살고 있는 지구촌에 생물이 탄생하고 죽는 건 당연한 이치입니다. 사람이 노력을 하든지 안 하든지 지구 생물의 멸종을 막을 수는 없지요. 그러나 인간 활동에 의해 생물 다양성이 급격히 줄어드는 건 문제이지요. 폭발적인 인구 증가와 인간 중심적인 개발로 인한 환경 오염은 생물 다양성의 무한한 가치를 손상시키고 있으니까요.

지구 상의 모든 생명체는 고유한 존재 가치를 갖고 있습니다. 결국 생물 다양성 없이는 인류의 미래도 밝아질 수 없어요. 생물 다양성 감소의 피해는 고스란히 인류의 몫이 됩니다. 그래서 인간은 자신을 위해 생물 다양성을 지키려고 부

단히 노력하고 있습니다. 인류의 희망찬 미래를 위해서 말이죠. 문화 유산을 지켜서 보존하는 것처럼 우리의 자연 환경에서 살고 있는 고유한 생물 자원도 보전해야 합니다.

미래에는 자원 부국으로부터 생존에 필요한 자원을 얻어야 합니다. 석유 생산 국가가 몇몇 국가에 제한되어 있는 것처럼 말이죠. 자원 부국은 열대 밀림 지역에 위치하고 있는 국가입니다. 열대림 1ha에는 50~150종의 나무가 살지만, 온대림에는 10종, 한대림에는 1종밖에 살지 않거든요. 생물 다양성을 잘 보전하여 수많은 생물 자원을 잘 활용할 때 인류는 앞으로도 지속적으로 번영할 수 있답니다.

만화로 본문 읽기

박사님, 그런데 왜 갑자기 생물 다양성 문제가 관심의 대상이 된 걸까요?
그건 인간들이 생물 자원을 함부로 다루면서 생물 다양성이 급격히 감소하자 인류의 생존에도 위기의식을 느꼈기 때문이죠. 그럼 생물 다양성을 보존해야 하는 이유를 알아볼까요?

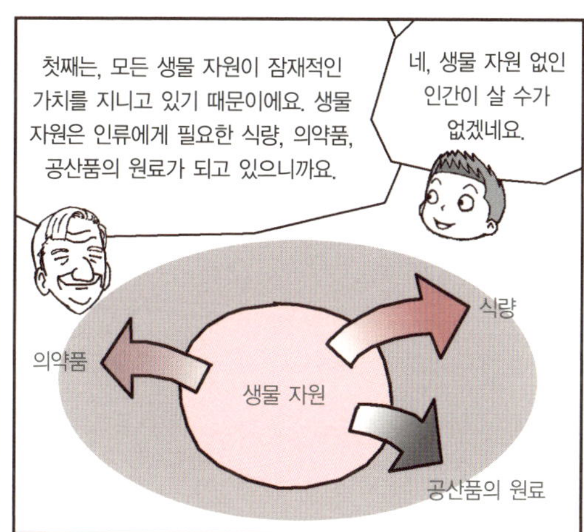
첫째는, 모든 생물 자원이 잠재적인 가치를 지니고 있기 때문이에요. 생물 자원은 인류에게 필요한 식량, 의약품, 공산품의 원료가 되고 있으니까요.
네, 생물 자원 없인 인간이 살 수가 없겠네요.
의약품
식량
생물 자원
공산품의 원료

둘째는, 생물 다양성이 인류의 생활 환경을 보전해 주기 때문이에요. 생물 다양성은 자연계의 물질 순환에 중요한 역할을 하며 생물 종이 매개체가 되어 대기, 수질, 토양의 보전에 기여하고 있지요.
네, 산소도 공급해 주고요.
물질 순환
생물 종의 매개체
대기, 수질, 토양 보전

그리고 셋째, 생물 다양성은 고유하며 복제가 불가능하기 때문이에요. 생물 종은 한 지역의 특수한 환경 요인에 의해 만들어지거든요. 따라서 어떤 생태계가 파괴되면 어떤 종도 사라지게 되는 것이죠.
같은 쥐라도 나는 환경에 따라 다 다르다고.
도시 쥐
시골 쥐

그럼 어떻게 해야 할까요?
지금 세계는 생물 자원의 중요성을 인식하여 멸종된 종을 복원하려고 노력하기도 하고 생물종 다양성 보존의 날을 지정하기도 하고 있죠.
우리도 복원되지 않았다면 멸종되었을 거야.
들소
엘크
해달

우리나라는요?
네, 우리나라도 정부 부처, 기관, 학회, 단체, 국제 기구 등의 대표로 구성된 한국 조직위원회가 출범했으며, 생물 다양성 보전 및 연구 관련 국내 협력 네트워크를 활성화해서 생물 다양성 보전을 위한 국제 활동에도 참여하고 있습니다.

생물 다양성의 아버지 에드워드 윌슨
Edward Osborne Wilson, 1929~

　1929년 미국 앨라배마 주 버밍엄에서 태어난 윌슨은 개미 연구의 세계적 권위자로 앨라배마 대학교에서 생물학 학사 및 석사 학위, 하버드 대학교에서 생물학 박사 학위를 받았지요. 『사회 생물학』이라는 저서를 통해 사회 생물학을 창시했으며 『생명의 다양성』을 저술하면서 '생물 다양성'의 아버지로 불리게 되었습니다.

　『인간 본성에 대하여(On Human Nature)』와 『개미(The Ants)』로 퓰리처상을 2회나 수상했으며 미국 국가 과학 메달, 국제 생물학상, 스웨덴 한림원이 노벨상이 수여되지 않는 분야를 위해 마련한 크러퍼드상 등 과학과 자연 보존에 기여한 업적으로 많은 상을 수상했습니다.

하버드 대학교의 생물학과 펠레그리노 석좌 교수로 있는 윌슨은 1980년대부터는 환경 보호 활동을 하면서 생물 다양성의 가치를 실현하고 있습니다. 2007년부터는 지구 상의 모든 생물 종 정보를 담으려는 야심찬 기획으로 시작된 웹사이트 '생명 백과 사전(Encyclopedia of Life, www.eol.org)' 사업을 추진하고 있습니다.

생물 다양성의 아버지 윌슨은 생물학뿐 아니라 학문 전반에 영향을 준 20세기를 대표하는 최고의 과학자입니다.

과 학 연 대 표

언제, 무슨 일이?

과학사
세계사

에드윈 허블
우주 팽창 증거 발견
1929
세계 경제 공황

모스크바 삼상 회의 합의에 따른
미소 공동 위원회 제1차 회의

모클리, 존 에커트
최초의 전자계산기 'ENIAC' 완성
1946

미국, 수소 폭탄 실험 성공

제임스 왓슨, 프랜시스 크릭
DNA 구조 규명
1953

영국, 홍콩 반환
김대중 대통령 당선

윌머트, 키스 캠벨
복제 양 '돌리' 탄생
1997

북한 핵 실험, 사담 후세인 사형

미국
인간 게놈 해독
2006

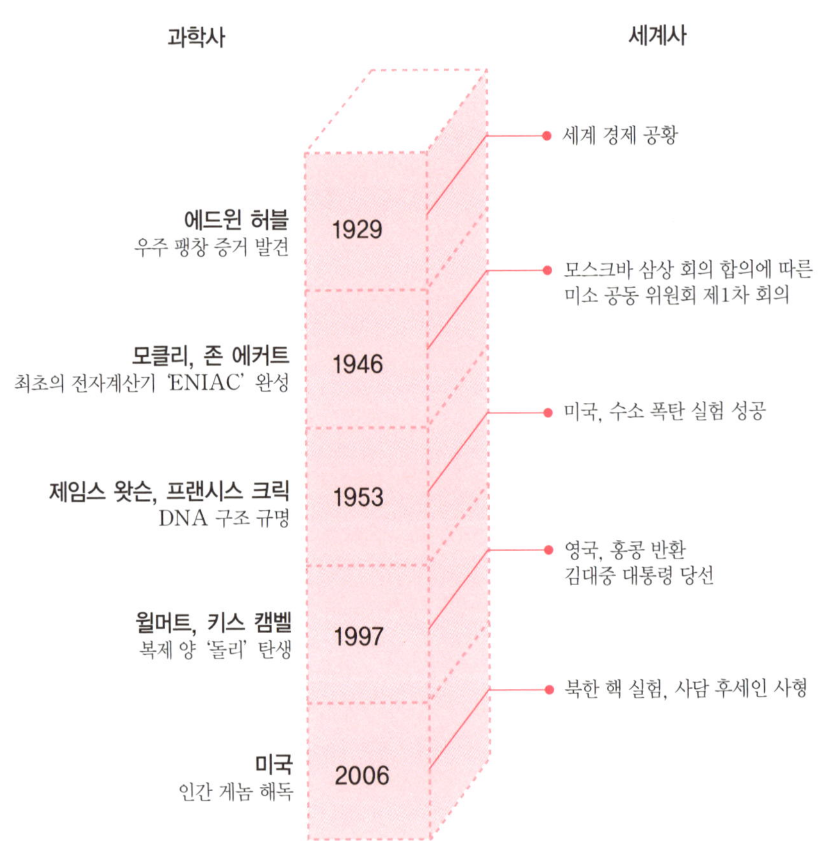

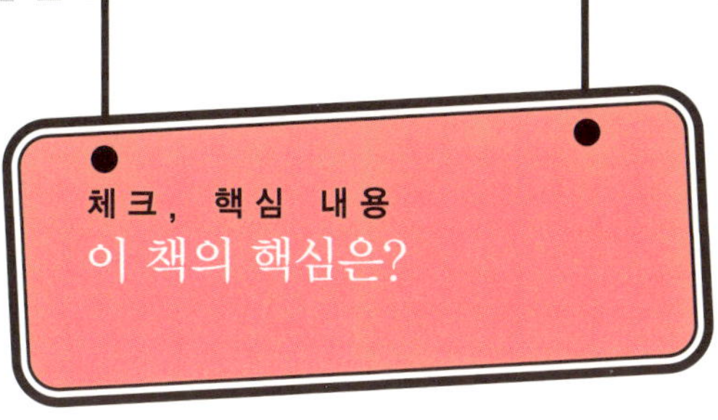

1. 지구 상의 모든 생물이 행복하게 살 수 있는 것은 □□ □□□이 있기 때문입니다.

2. 지구 상의 수많은 생물 종에 속명+종명으로 이름을 붙인 사람은 □□입니다.

3. 생물 다양성은 '종 다양성', '□□□ □□□', '생태계 다양성'의 세 가지 의미를 포함합니다.

4. 생물 다양성은 지구촌 생물이 잘살 수 있도록 □□□□□의 평형을 유지시켜 줍니다.

5. 생물 다양성은 인류에게 물자, 부양, 문화, □□ □□□를 제공합니다.

6. 생물 다양성 감소 원인은 서식지 파괴, 외래종 유입, 환경 오염, □□ □□, 사냥입니다.

7. 멸종 위기에 처한 동식물은 멸종 위기 동식물 목록과 □□ □□에 실려 있습니다.

생물 다양성을 지키기 위한 정책 – 나고야 의정서

2010년 10월 일본 나고야에서는 제10차 생물 다양성 협약 당사국 총회(CBD; Convention on Biodiversity)가 열렸습니다. 총회에서는 생물 다양성을 지키기 위해 2020년까지 실행할 전략 목표를 세웠지요. 특히 총회 마지막 날 '유전자원 접근 및 이익 공유'에 관한 나고야 의정서가 채택되었습니다.

나고야 의정서는 생물 유전자원을 이용할 때 얻는 이익을 유전자원 제공국과 이용 국가가 공유하도록 하는 국제적 조약으로, 나고야 의정서가 발효되면 우리나라는 힘들어질 수 있습니다. 나고야 의정서는 생물 유전자원에 대한 의존도가 높고 생물 유전자원이 부족한 국가에게 불리한 조약이거든요. 생물 자원 소유국에게 사용료를 지불해야 하기 때문에 경제적으로 힘들어질 수 있습니다.

오랫동안 선진국들은 개발 도상국의 자원을 함부로 이용해서 경제적 이익을 거두었습니다. 그러나 1992년 생물 다양성 협약이 체결되면서 생물 자원에 대한 권리를 해당 국가가 주장할 수 있게 되었지요. 생물 자원이 곧 경제적 가치와 연결되기 때문에 전 세계 모든 국가들은 나고야 의정서를 주목하고 있습니다. 생물 자원은 연간 7600억 달러(약 800조 원) 정도의 경제적 수익을 창출합니다. 그러다 보니 돈을 벌기 위해 생물 자원을 활용하려는 국가들의 의견이 엇갈리고 있지요.

어떻게 하면 나고야 의정서의 위험에 슬기롭게 대처할 수 있을까요? 우선 국내의 생물 자원의 현황을 파악해야 합니다. 생물 주권을 확보하는 것이 국가의 경쟁력이 되니까요. 현재 우리나라는 환경부 168만 6535점(척추동물·무척추동물 표본 정보), 농림 수산 식품부 28만 7092점(종자 등 농업 유전자원), 교육 과학 기술부 28만 9620점(미생물 자원), 국토 해양부가 7269점(해양 생물 자원), 보건 복지부 44만 5273점(인체 추출 세포, 유전자 능)의 생물 자원 정보를 파악하고 있습니다.

생물 자원이 풍부한 국가와 인적 교류, 기술 지원 등의 협력을 맺는 것도 나고야 의정서의 위험을 헤쳐 나가는 길이랍니다.

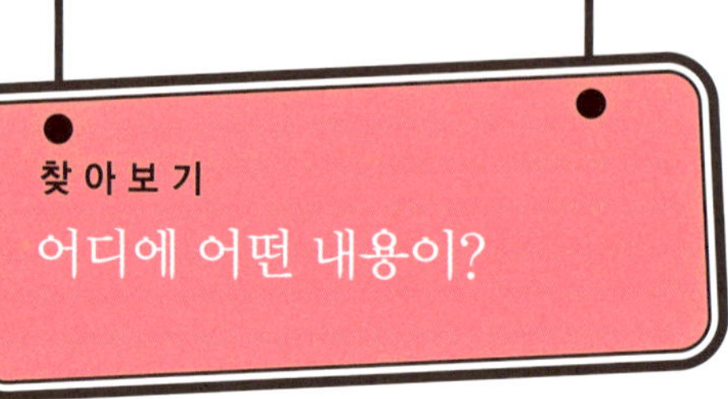

찾 아 보 기
어디에 어떤 내용이?

수학자가 들려주는 수학 이야기 _(전 88권)

차용욱 외 지음 | (주)자음과모음

국내 최초 아이들 눈높이에 맞춘 88권짜리 이야기 수학 시리즈! 수학자라는 거인의 어깨 위에서 보다 멀리, 보다 넓게 바라보는 수학의 세계!

수학은 모든 과학의 기본 언어이면서도 수학을 마주하면 어렵다는 생각이 들고 복잡한 공식을 보면 머리까지 지끈지끈 아파 온다. 사회적으로 수학의 중요성이 점점 강조되고 있는 시점이지만 수학만을 단독으로, 세부적으로 다룬 시리즈는 그동안 없었다. 그러나 사회에 적응하려면 반드시 깨쳐야만 하는 수학을 좀 더 재미있고 부담 없이 배울 수 있도록 기획된 도서가 바로 '수학자가 들려주는 수학 이야기' 시리즈이다.

★ 무조건적인 공식 암기, 단순한 계산은 이제 가라!★

- '수학자가 들려주는 수학 이야기'에서는 수학자들이 자신들의 수학 이론과, 그에 대한 역사적인 배경, 재미있는 에피소드 등을 전해 준다.
- 교실 안에서뿐만 아니라 교실 밖에서도 배우고 체험할 수 있는 생활 속 수학을 발견한다.
- 책 속에서 위대한 수학자들을 직접 만나면서 수학자와 수학 이론을 좀 더 가깝고 친근하게 느낄 수 있다.